최신개정판 박문각 자격증

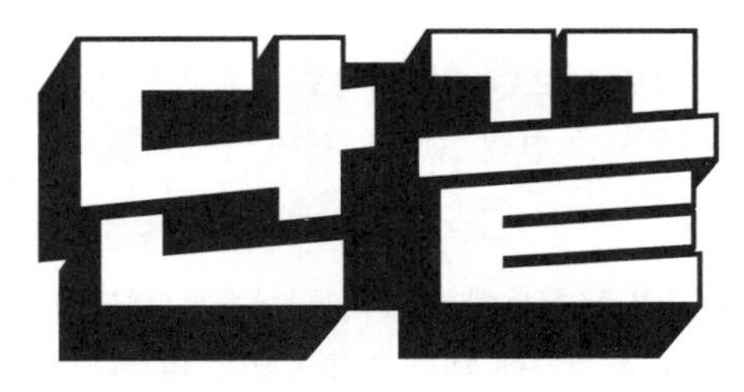

전기기사 · 전기산업기사

전기설비 기술기준

필기 기본서

정용걸 편저

단숨에 끝내는 핵심이론

단원별 출제 예상문제

제2판

동영상 강의 pmgbooks.co.kr

PREFACE
이 책의 **머리말**

전기분야 최다 조회수 기록 100만명이 보았습니다!!

"열정은 있다. 그러나 기본이 없다." - 베토벤 -

어떤 일이든 열정만으로 되는 것은 없다고 생각합니다. 마음만 먹으면 금방이라도 자격증을 취득할 것 같아 벅찬 가슴으로 자격증 공부에 대한 계획을 세우지만 한해 10여만 명의 수험자들 중 90% 이상은 재시험을 보아야 하는 실패를 경험합니다.

저는 30년 이상 전기기사 강의를 진행하면서 전기기사 자격증 취득에 실패하는 사례를 면밀히 살펴보니 수험자들이 자격증 취득에 대한 열정은 있지만 정작 전기에 대한 기초공부가 너무나도 부족한 것을 알게 되었습니다.

특히 수강생들이 회로이론, 전기자기학, 전기기기 등의 과목 때문에 힘들어 하는 모습을 보면서 전기기사 자격증을 취득하는 데 도움을 주려고 초보전기 강의를 하게 되었고 강의 동영상을 무지개꿈원격평생교육원 사이트(www.mukoom.com)를 개설하여 10년만에 누적 100여만 명이 조회하였습니다.

이는 전기기사 수험생들이 대부분 비전문가가 많기 때문에 전기 기초에 대한 절실함이 있기 때문이라고 생각합니다.

동영상 강의교재는 너무나도 많지만 초보자의 시각에서 안성맞춤의 강의를 진행하는 교재는 그리 흔치 않습니다.

본 교재에서는 수험생들이 가장 까다롭게 생각하는 과목 중 필요 없는 것은 버리고 꼭 암기하고 알아야 할 것을 간추려 초보자에게 안성맞춤이 되도록 강의한 내용을 중심으로 집필하였습니다.

'열정은 있다. 그러나 기본이 없다'란 베토벤의 말처럼 기초는 너무나도 중요한 문제입니다.

본 교재를 통해 전기(산업)기사 자격증 공부에 어려움을 겪고 있는 수험생 분에게 도움이 되었으면 감사하겠습니다.

무지개꿈 교육원장 정용걸

동영상 교육사이트

무지개꿈원격평생교육원 http://www.mukoom.com
유튜브채널 '전기왕정원장'

GUIDE

필기 합격 공부방법

01 전기(산업)기사 필기 합격 공부방법

1 초보전기 II 무료강의

전기(산업)기사의 기초가 부족한 수험생이 필수로 숙지를 하셔야 중도에 포기하지 않고 전기(산업)기사 취득이 가능합니다.
초보전기 II에는 전기(산업)기사의 기초인 기초수학, 기초용어, 기초회로, 기초자기학, 공학용 계산기 활용법 동영상이 있습니다.

2 초보전기 II 숙지 후에 회로이론을 공부하시면 좋습니다.

회로이론에서 배우는 R, L, C가 전기자기학, 전기기기, 전력공학 공부에 큰 도움이 됩니다.
회로이론 20문항 중 12문항 득점을 목표로 공부하시면 좋습니다.

3 회로이론 다음으로 전기자기학 공부를 하시면 좋습니다.

전기(산업)기사 시험 과목 중 과락으로 실패를 하는 경우가 많습니다.
전기자기학은 20문항 중 10문항 득점을 목표로 공부하시면 좋습니다.

4 전기자기학 다음으로는 전기기기를 공부하면 좋습니다.

전기기기는 20문항 중 12문항 득점을 목표로 공부하시면 좋습니다.

5 전기기기 다음으로 전력공학을 공부하시면 좋습니다.

전력공학은 20문항 중 16문항 득점을 목표로 공부하시면 좋습니다.

6 전력공학 다음으로 전기설비기술기준 과목을 공부하시면 좋습니다.

전기설비기술기준 과목은 전기(산업)기사 필기시험 과목 중 제일 점수를 득점하기 쉬운 과목으로 20문항 중 18문항 득점을 목표로 공부하시면 좋습니다.

초보전기 II 무료동영상 시청방법

유튜브 '전기왕정원장' 검색 → 재생목록 → 초보전기 II : 전기기사, 전기산업기사의 기초를 클릭하셔서 시청하시기 바랍니다.

GUIDE
필기 합격 공부방법

02 확실한 합격을 위한 출발선

1 전기기사 · 전기산업기사

핵심이론	출제예상문제

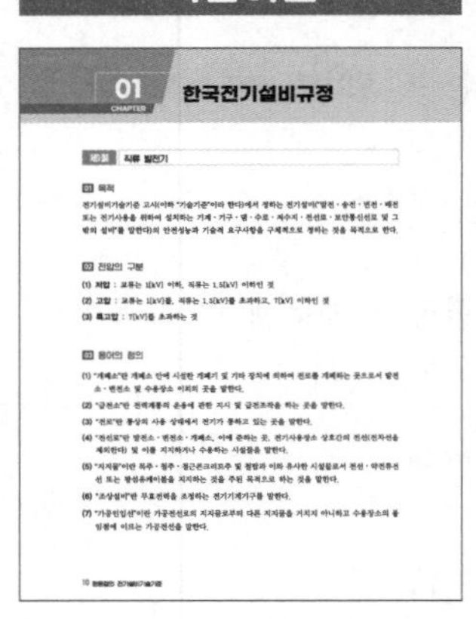
01 CHAPTER 한국전기설비규정

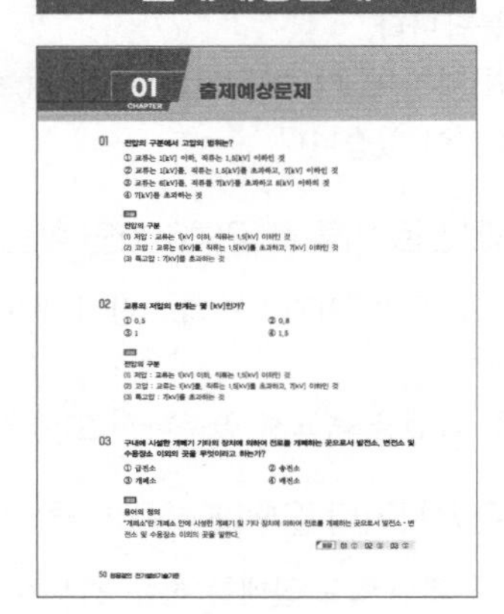
01 CHAPTER 출제예상문제

수험생들이 회로이론, 전기자기학, 전력공학 등의 과목 때문에 힘들어하는 모습을 보면서 전기기사 · 전기산업기사 자격증을 취득하는 데 도움을 주기 위해 출간된 교재입니다. 회로이론, 전기자기학, 전력공학 등 어려운 과목들에서 수험생들이 힘들어 하는 내용을 압축하여 단계적으로 학습할 수 있도록 구성하였습니다.
핵심이론과 출제예상문제를 통해 학습하고, 강의를 100% 활용한다면, 기초를 보다 쉽게 정복할 수 있을 것입니다.

2 강의 이용 방법

초보전기 II

☑ QR코드 리더 모바일 앱 설치 → 설치한 앱을 열고 모바일로 QR코드 스캔 → 클립보드 복사 → 링크 열기 → 동영상강의 시청

※ 전기(산업)기사 기본서 중 회로이론은 무료강의, 다른 과목들은 유료강의입니다.

03 무지개꿈원격평생교육원에서만 누릴 수 있는 강좌 서비스 보는 방법

1 인터넷 브라우저 주소창에서 [www.mukoom.com]을 입력하여 [무지개꿈원격평생교육원]에 접속합니다.

2 [회원가입]을 클릭하여 [무꿈 회원]으로 가입합니다.

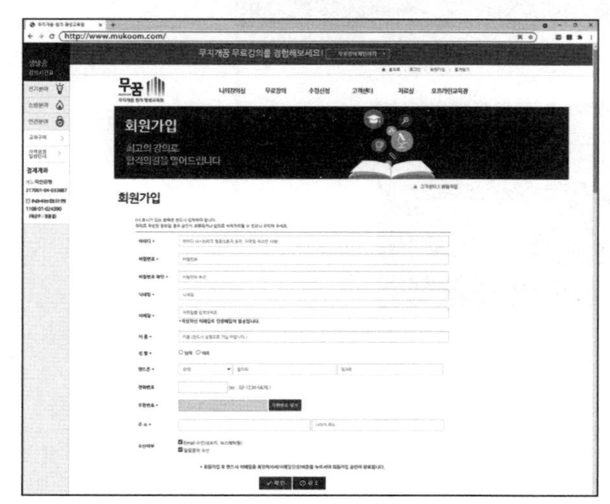

3 [무료강의]를 클릭하면 [무료강의] 창이 뜹니다. [무료강의] 창에서 수강하고 싶은 무료 강좌 및 기출문제 풀이 무료 동영상강의를 수강합니다.

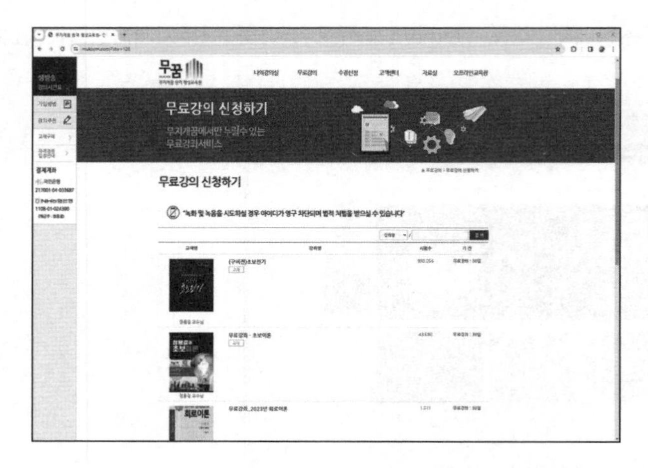

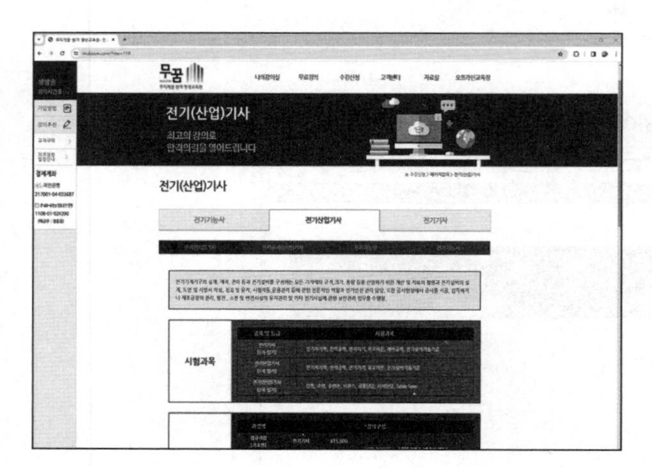

CONTENTS

이 책의 **차례**

전기설비 기술기준

Chapter 01 한국전기설비규정 10
✔ **출제예상문제** 50

Chapter 02 발전소, 변전소, 개폐소 등의 전기설비 80
✔ **출제예상문제** 84

Chapter 03 전선로 96
✔ **출제예상문제** 115

Chapter 04 전력보안통신설비 150
✔ **출제예상문제** 155

Chapter 05 옥내배선 160
✔ **출제예상문제** 183

Chapter 06 전기철도 설비 및 분산형 전원설비 206
제1절 전기철도 설비 206
제2절 분산형 전기설비 210
✔ **출제예상문제** 213

전기기사
·
전기산업기사
정용걸
전기설비
기술기준

chapter

01

한국전기설비규정

01 CHAPTER

한국전기설비규정

01 목적

전기설비기술기준 고시(이하 "기술기준"이라 한다)에서 정하는 전기설비("발전・송전・변전・배전 또는 전기사용을 위하여 설치하는 기계・기구・댐・수로・저수지・전선로・보안통신선로 및 그 밖의 설비"를 말한다)의 안전성능과 기술적 요구사항을 구체적으로 정하는 것을 목적으로 한다.

02 전압의 구분

(1) **저압** : 교류는 1[kV] 이하, 직류는 1.5[kV] 이하인 것

(2) **고압** : 교류는 1[kV]를, 직류는 1.5[kV]를 초과하고, 7[kV] 이하인 것

(3) **특고압** : 7[kV]를 초과하는 것

03 용어의 정의

(1) "개폐소"란 개폐소 안에 시설한 개폐기 및 기타 장치에 의하여 전로를 개폐하는 곳으로서 발전소・변전소 및 수용장소 이외의 곳을 말한다.

(2) "급전소"란 전력계통의 운용에 관한 지시 및 급전조작을 하는 곳을 말한다.

(3) "전로"란 통상의 사용 상태에서 전기가 통하고 있는 곳을 말한다.

(4) "전선로"란 발전소・변전소・개폐소, 이에 준하는 곳, 전기사용장소 상호 간의 전선(전차선을 제외한다) 및 이를 지지하거나 수용하는 시설물을 말한다.

(5) "지지물"이란 목주・철주・철근콘크리트주 및 철탑과 이와 유사한 시설물로서 전선・약전류전선 또는 광섬유케이블을 지지하는 것을 주된 목적으로 하는 것을 말한다.

(6) "조상설비"란 무효전력을 조정하는 전기기계기구를 말한다.

(7) "가공인입선"이란 가공전선로의 지지물로부터 다른 지지물을 거치지 아니하고 수용장소의 붙임점에 이르는 가공전선을 말한다.

(8) "연접인입선"이란 한 수용장소의 인입선에서 분기하여 지지물을 거치지 아니하고 다른 수용장소의 인입구에 이르는 부분의 전선을 말한다.

(9) "계통접지(System Earthing)"란 전력계통에서 돌발적으로 발생하는 이상현상에 대비하여 대지와 계통을 연결하는 것으로, 중성점을 대지에 접속하는 것을 말한다.

(10) "관등회로"란 방전등용 안정기 또는 방전등용 변압기로부터 방전관까지의 전로를 말한다.

(11) "보호접지(Protective Earthing)"란 고장 시 감전에 대한 보호를 목적으로 기기의 한 점 또는 여러 점을 접지하는 것을 말한다.

(12) "서지보호장치(SPD, Surge Protective Device)"란 과도 과전압을 제한하고 서지전류를 분류시키기 위한 장치를 말한다.

(13) "제2차 접근상태"란 가공전선이 다른 시설물과 접근하는 경우에 그 가공전선이 다른 시설물의 위쪽 또는 옆쪽에서 수평거리로 3[m] 미만인 곳에 시설되는 상태를 말한다.

(14) "지중관로"란 지중전선로 · 지중약전류전선로 · 지중 광섬유 케이블 선로 · 지중에 시설하는 수관 및 가스관과 이와 유사한 것 및 이들에 부속하는 지중함 등을 말한다.

(15) "특별저압(ELV, Extra Low Voltage)"이란 인체에 위험을 초래하지 않을 정도의 저압을 말한다. 여기서 SELV(Safety Extra Low Voltage)는 비접지회로에 해당되며, PELV(Protective Extra Low Voltage)는 접지회로에 해당된다.

04 가공인입선

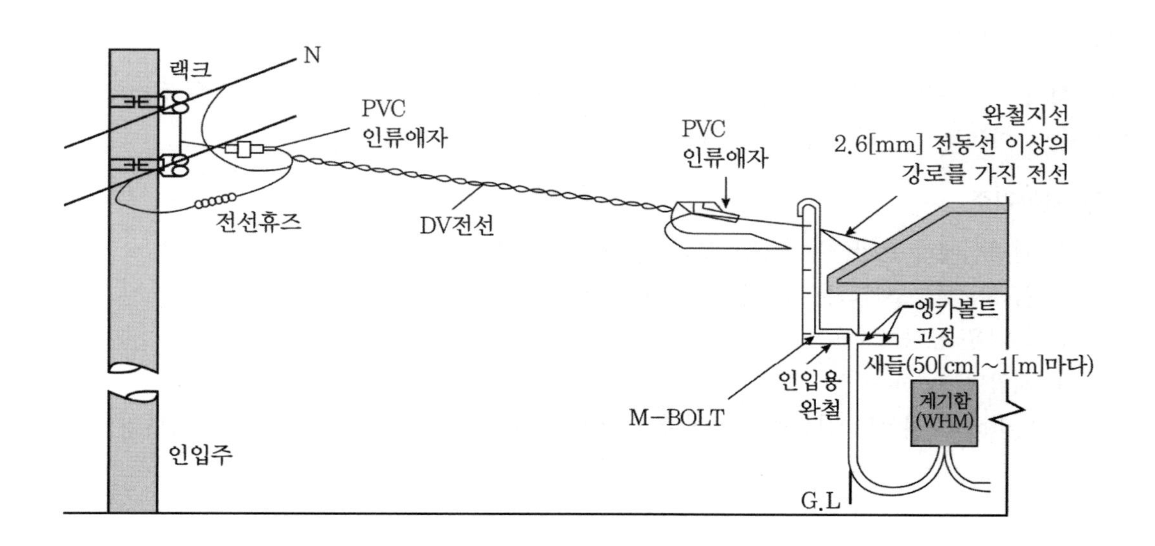

(1) 정의 : 가공전선로의 지지물로부터 다른 지지물을 거치지 아니하고 수용장소의 붙임점에 이르는 가공전선을 말한다.

(2) 전선의 종류 및 굵기

① 전선은 절연전선 또는 케이블일 것

케이블이 아닌 경우

가. 저압 : 2.6[mm] 이상의 경동선을 사용할 것. 다만 경간이 15[m] 이하인 경우는 2.0[mm] 이상의 경동선일 것

나. 고압 : 5.0[mm] 이상의 경동선을 사용할 것

(3) 전선의 지표상 높이

① 저압

가. 도로횡단 : 5[m] 이상

나. 철도횡단 : 6.5[m] 이상

다. 횡단보도교 : 3[m] 이상

② 고압

가. 도로횡단 : 6[m] 이상

나. 철도횡단 : 6.5[m] 이상

다. 횡단보도교 : 3[m] 이상

라. 위험표지 : 위험 표시를 두었을 경우 3.5[m] 이상

05 연접인입선

(1) 정의 : 한 수용장소의 인입선에서 분기하여 지지물을 거치지 아니하고 다른 수용 장소의 인입구에 이르는 부분의 전선을 말한다.

(2) 시설기준

① 인입선에서 분기하는 점으로부터 100[m]를 초과하는 지역에 미치지 아니할 것

② 폭 5[m]를 초과하는 도로를 횡단하지 아니할 것

③ 옥내를 통과하지 아니할 것

④ 저압만 가능

⑤ 2.6[mm] 이상의 전선을 사용하나 경간이 15[m] 이하라면 2.0[mm]도 가능하다.

06 옥측전선로

(1) 저압

① **애자사용 공사 시 전선의 굵기** : 4[mm] 이상의 경동선을 사용할 것

② **시설공사의 종류**

가. 애자사용 공사(전개된 장소에 한함)

나. 합성수지관 공사

다. 금속관 공사(목조 이외의 조영물에 시설하는 경우에 한함)

라. 버스덕트 공사[목조 이외의 조영물(점검할 수 없는 은폐된 장소는 제외한다)에 시설하는 경우에 한함]

마. 케이블 공사(연피 케이블·알루미늄피 케이블 또는 미네럴 인슐레이션 케이블을 사용하는 경우에는 목조 이외의 조영물에 시설하는 경우에 한함)

(2) 고압

① 전선은 케이블일 것

② 케이블을 조영재의 옆면 또는 아랫면에 따라 붙일 경우에는 케이블의 지지점 간의 거리를 2[m] 수직으로 붙일 경우에는 6[m] 이하로 하고 또한 피복을 손상하지 아니하도록 붙일 것

(3) 특고압

사용전압이 100[kV] 이하

07 옥상전선로(특고압은 시설이 불가능)

(1) 저압

① **전선의 굵기** : 지름 2.6[mm] 이상의 경동선을 사용할 것

② **지지점 간의 거리**

전선은 조영재에 견고하게 붙인 지지주 또는 지지대에 절연성·난연성 및 내수성이 있는 애자를 사용하여 지지하고 또한 그 지지점 간의 거리는 15[m] 이하일 것

③ **조영재와의 이격거리**

전선과 그 저압 옥상 전선로를 시설하는 조영재와의 이격거리는 2[m](전선이 고압절연전선, 특고압 절연전선 또는 케이블인 경우에는 1[m]) 이상일 것

④ **식물 수목과의 이격거리**

저압 옥상전선로의 전선은 상시 부는 바람 등에 의하여 식물에 접촉하지 아니하도록 시설하여야 한다.

08 전선

(1) 전선의 식별

상(문자)	색상
L1	갈색
L2	흑색
L3	회색
N	청색
보호도체	녹색-노란색

색상 식별이 종단 및 연결 지점에서만 이루어지는 나도체 등은 전선 종단부에 색상이 반영구적으로 유지될 수 있는 도색, 밴드, 색 테이프 등의 방법으로 표시해야 한다.

(2) 전선의 접속

① 전선의 세기(인장하중(引張荷重)으로 표시한다)를 20[%] 이상 감소시키지 아니할 것

② 접속부분은 접속관 기타의 기구를 사용할 것

③ 접속부분을 그 부분의 절연전선의 절연물과 동등 이상의 절연효력이 있는 것으로 충분히 피복할 것

④ 두 개 이상의 전선을 병렬로 사용하는 경우에는 다음에 의하여 시설할 것

가. 병렬로 사용하는 각 전선의 굵기는 동선 50[mm^2] 이상 또는 알루미늄 70[mm^2] 이상으로 하고, 전선은 같은 도체, 같은 재료, 같은 길이 및 같은 굵기의 것을 사용할 것

나. 같은 극의 각 전선은 동일한 터미널러그에 완전히 접속할 것

다. 같은 극인 각 전선의 터미널러그는 동일한 도체에 2개 이상의 리벳 또는 2개 이상의 나사로 접속할 것

라. 병렬로 사용하는 전선에는 각각에 퓨즈를 설치하지 말 것

마. 교류회로에서 병렬로 사용하는 전선은 금속관 안에 전자적 불평형이 생기지 않도록 시설할 것

09 전로의 절연

(1) 전로는 다음 이외에는 대지로부터 절연하여야 한다.

① 접지공사의 접지점

② 시험용 변압기 등 전로의 일부를 대지로부터 절연하지 아니하고 전기를 사용하는 것이 부득이한 것

③ 전기욕기 · 전기로 · 전기보일러 · 전해조 등 대지로부터 절연하는 것이 기술상 곤란한 것

10 저압전로의 절연성능

(1) 저압전선로 중 절연 부분의 전선과 대지 사이 및 전선의 심선 상호 간의 절연저항은 사용전압에 대한 누설전류가 최대 공급전류의 1/2,000을 넘지 않도록 하여야 한다.

(2) 전기사용 장소의 사용전압이 저압인 전로의 전선 상호 간 및 전로와 대지 사이의 절연저항은 개폐기 또는 과전류차단기로 구분할 수 있는 전로마다 다음 표에서 정한 값 이상이어야 한다.

전로의 사용전압 [V]	DC시험전압 [V]	절연저항 [MΩ]
SELV 및 PELV	250	0.5
FELV, 500[V] 이하	500	1.0
500[V] 초과	1,000	1.0

[주] 특별저압(extra low voltage : 2차 전압이 AC 50[V], DC 120[V] 이하)으로 SELV(비접지회로 구성) 및 PELV(접지회로 구성)는 1차와 2차가 전기적으로 절연된 회로, FELV는 1차와 2차가 전기적으로 절연되지 않은 회로를 말한다.

(3) 측정 시 영향을 주거나 손상을 받을 수 있는 SPD 또는 기타 기기 등은 측정 전에 분리시켜야 하고, 부득이하게 분리가 어려운 경우에는 시험전압을 250[V] DC로 낮추어 측정할 수 있지만 절연저항 값은 1[MΩ] 이상이어야 한다.

(4) 단, 사용전압이 저압인 전로에서 정전이 어려운 경우 등 절연저항 측정이 곤란한 경우에는 누설전류를 1[mA] 이하로 유지하여야 한다.

11 절연내력 시험전압(시험시간 10분)

(1) 절연내력시험 전압

① 전로의 종류 및 시험전압

전로의 종류	시험전압
1. 전압 7[kV] 이하인 전로	전압의 1.5배의 전압
2. 전압 7[kV] 초과 25[kV] 이하인 중성점 접지식 전로(중성선을 가지는 것으로서 그 중성선을 다중접지하는 것에 한함)	전압의 0.92배의 전압
3. 전압 7[kV] 초과 60[kV] 이하인 전로 (2란의 것 제외)	전압의 1.25배의 전압 (10.5[kV] 미만으로 되는 경우는 10.5[kV])
4. 전압 60[kV] 초과 중성점 비접지식 전로	전압의 1.25배의 전압
5. 전압 60[kV] 초과 중성점 접지식 전로	전압의 1.1배의 전압 (75[kV] 미만으로 되는 경우에는 75[kV])
6. 전압이 60[kV] 초과 중성점 직접 접지식 전로	전압의 0.72배의 전압
7. 전압이 170[kV] 초과 중성점 직접 접지식 전로	전압의 0.64배의 전압

② 회전기 및 정류기의 절연내력

<table>
<tr><th colspan="3">종류</th><th>시험전압</th><th>시험방법</th></tr>
<tr><td rowspan="3">회
전
기</td><td rowspan="2">발전기
전동기
조상기
기타회전기</td><td>7[kV]
이하</td><td>전압의 1.5배의 전압
(500[V] 미만으로 되는 경우에는 500[V])</td><td rowspan="3">권선과 대지 사이에 연속하여 10분간 가한다.</td></tr>
<tr><td>7[kV]
초과</td><td>전압의 1.25배의 전압
(10.5[kV] 미만으로 되는 경우에는 10.5[kV])</td></tr>
<tr><td colspan="2">회전변류기</td><td>직류측의 전압의 1배의 교류전압
(500[V] 미만으로 되는 경우에는 500[V])</td></tr>
<tr><td rowspan="2">정
류
기</td><td colspan="2">60[kV] 이하</td><td>직류측의 전압의 1배의 교류전압
(500[V] 미만으로 되는 경우에는 500[V])</td><td>충전부분과 외함 간에 연속하여 10분간 가한다.</td></tr>
<tr><td colspan="2">60[kV] 초과</td><td>교류측 전압의 1.1배의 교류전압 또는 직류측 전압의 1.1배의 직류전압</td><td>교류측 및 직류고전압측단자와 대지 사이에 연속하여 10분간 가한다.</td></tr>
</table>

③ 변압기 전로의 절연내력

권선의 종류	시험전압
전압 7[kV] 이하	최대 사용전압의 1.5배의 전압 (500[V] 미만으로 되는 경우에는 500[V])
전압 7[kV] 초과 60[kV] 이하의 권선	최대 사용전압의 1.25배의 전압 (10.5[kV] 미만으로 되는 경우에는 10.5[kV])
전압이 60[kV]를 초과하는 권선으로서 중성점 접지식 전로	전압의 1.1배의 전압 (75[kV] 미만으로 되는 경우에는 75[kV])
전압이 7[kV]를 초과하고 25[kV] 이하인 다중 접지식	전압의 0.92배
전압이 60[kV] 초과 중성점 직접 접지식	최대 사용전압의 0.72배의 전압
전압이 170[kV]를 초과하는 중성점 직접 접지식	최대 사용전압의 0.64배의 전압

(2) 연료전지 및 태양전지 모듈의 절연내력

연료전지 및 태양전지 모듈은 최대사용전압의 1.5배의 직류전압 또는 1배의 교류전압(500[V] 미만으로 되는 경우에는 500[V])을 충전부분과 대지 사이에 연속하여 10분간 가하여 절연내력을 시험하였을 때에 이에 견디는 것이어야 한다.

12 접지시스템

(1) 접지 종류

① 계통접지

② 보호접지

③ 피뢰시스템 접지

(2) 접지시스템 시설 종류

① 단독접지

각각의 접지를 개별로 접지하는 방식을 말한다.

② 공통접지

등전위가 형성되도록 저·고압 및 특고압 접지계통을 공통으로 접지하는 방식이다.

③ 통합접지

전기, 통신, 피뢰설비 등 모든 접지를 통합하여 접지하는 방식으로, 건물 내에 사람이 접촉할 수 있는 모든 도전부가 등전위를 형성토록 한다.

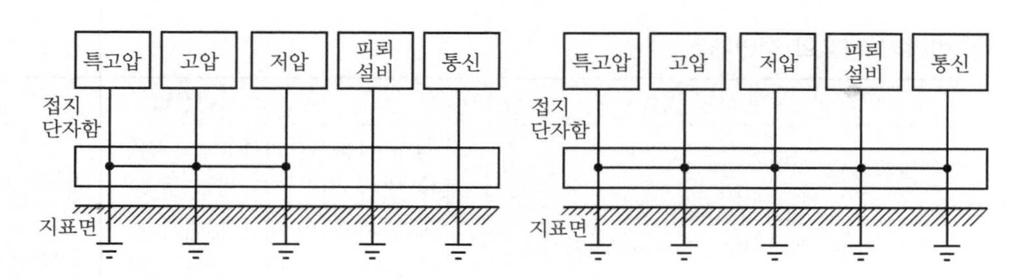

〈공통접지와 통합접지의 개념도〉

(3) 접지시스템의 구성

접지시스템은 접지극, 접지도체, 보호도체 및 기타 설비로 구성한다.

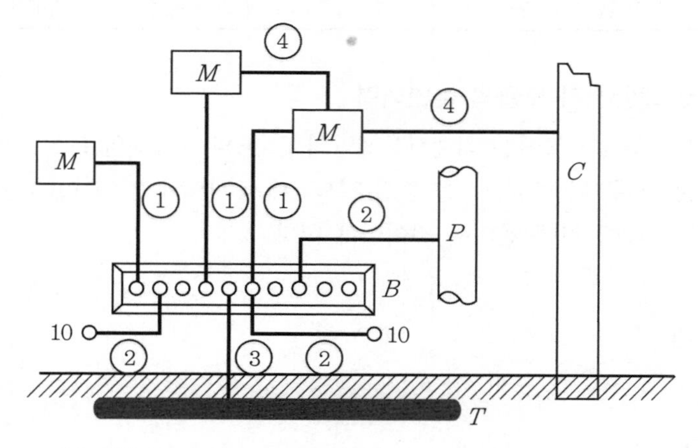

〈접지선 및 보호도체 및 등전위 본딩 도체 단면적〉

① 보호도체

② 주 등전위 본딩용 전선

③ 접지선

④ 보조 등전위 본딩용 전선

M : 전기기기의 노출 도전성 부분

C : 철골, 금속덕트 등의 계통 외 도전성

B : 주접지단자

P : 수도관, 가스관 등 금속배관

T : 접지극

10 : 기타기기(정보통신시스템 또는 뇌보호 등)

(4) 접지시스템 요구사항

① 접지시스템

가. 전기설비의 보호 요구사항을 충족하여야 한다.

나. 지락전류와 보호도체 전류를 대지에 전달할 것. 다만, 열적, 열·기계적, 전기·기계적 응력 및 이러한 전류로 인한 감전 위험이 없어야 한다.

다. 전기설비의 기능적 요구사항을 충족하여야 한다.

② 접지저항 값

가. 부식, 건조 및 동결 등 대지환경 변화에 충족하여야 한다.

나. 인체감전보호를 위한 값과 전기설비의 기계적 요구에 의한 값을 만족하여야 한다.

(5) 접지극의 시설

① 콘크리트에 매입된 기초 접지극

② 토양에 매설된 기초 접지극

③ 토양에 수직 또는 수평으로 직접 매설된 금속전극(봉, 전선, 테이프, 배관, 판 등)

④ 케이블의 금속외장 및 그 밖에 금속피복

⑤ 지중 금속구조물(배관 등)

⑥ 대지에 매설된 철근콘크리트의 용접된 금속 보강재

(6) 접지극의 매설기준

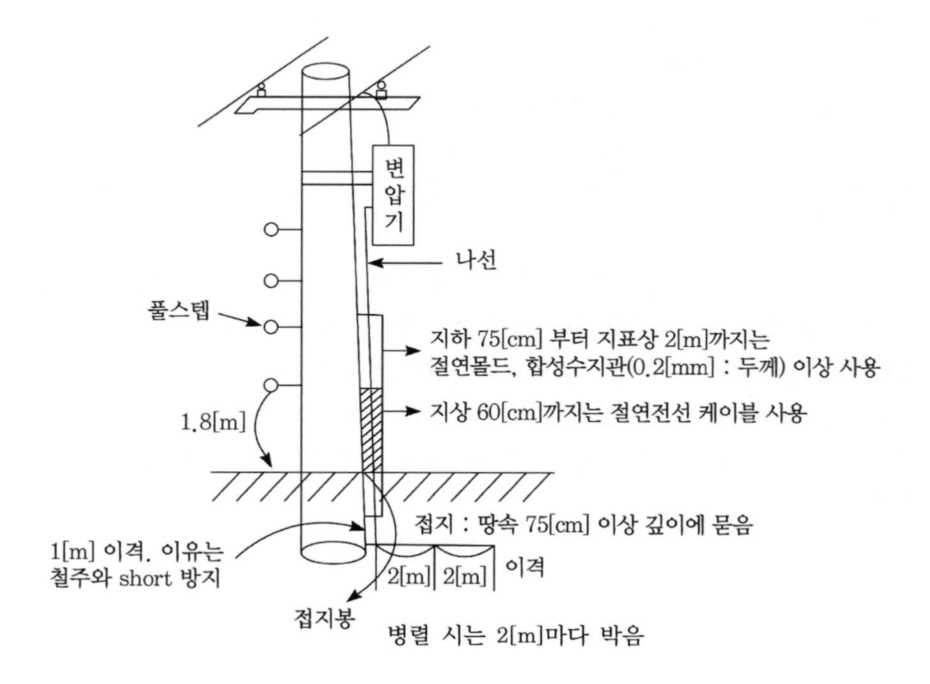

① 접지극은 매설하는 토양을 오염시키지 않아야 하며, 가능한 다습한 부분에 설치한다.
② 접지극은 지표면으로부터 지하 0.75[m] 이상으로 하되 동결 깊이를 감안하여 매설 깊이를 정해야 한다.
③ 접지도체를 철주 기타의 금속체를 따라서 시설하는 경우에는 접지극을 철주의 밑면으로부터 0.3[m] 이상의 깊이에 매설하는 경우 이외에는 접지극을 지중에서 그 금속체로부터 1[m] 이상 떼어 매설하여야 한다.
④ 접지도체는 지하 0.75[m]부터 지표 상 2[m]까지 부분은 합성수지관(두께 2[mm] 미만의 합성수지제 전선관 및 가연성 콤바인덕트관은 제외한다) 또는 이와 동등 이상의 절연효과와 강도를 가지는 몰드로 덮어야 한다.
⑤ 지지물에 취급자가 오르고 내리는 데 사용하는 발판 볼트 등은 원칙적으로 지표상 1.8[m] 이상

(7) 접지시스템 부식에 대한 고려는 다음에 의한다.

① 접지극에 부식을 일으킬 수 있는 폐기물 집하장 및 번화한 장소에 접지극 설치는 피해야 한다.
② 서로 다른 재질의 접지극을 연결할 경우 전식을 고려하여야 한다.
③ 콘크리트 기초접지극에 접속하는 접지도체가 용융아연도금강제인 경우 접속부를 토양에 직접 매설해서는 안 된다.

(8) 수도관 접지

지중에 매설되어 있고 대지와의 전기저항 값이 3[Ω] 이하의 값을 유지하고 있는 금속제 수도관로가 다음에 따르는 경우 접지극으로 사용이 가능하다.

① 접지도체와 금속제 수도관로의 접속은 안지름 75[mm] 이상인 부분 또는 여기에서 분기한 안지름 75[mm] 미만인 분기점으로부터 5[m] 이내의 부분에서 하여야 한다. 다만, 금속제 수도관로와 대지 사이의 전기저항 값이 2[Ω] 이하인 경우에는 분기점으로부터의 거리는 5[m]를 넘을 수 있다.
② 접지도체와 금속제 수도관로의 접속부를 수도계량기로부터 수도 수용가 측에 설치하는 경우에는 수도계량기를 사이에 두고 양측 수도관로를 등전위본딩하여야 한다.
③ 접지도체와 금속제 수도관로의 접속부를 사람이 접촉할 우려가 있는 곳에 설치하는 경우에는 손상을 방지하도록 방호장치를 설치하여야 한다.
④ 접지도체와 금속제 수도관로의 접속에 사용하는 금속제는 접속부에 전기적 부식이 생기지 않아야 한다.

(9) 철골접지

건축물・구조물의 철골 기타의 금속제는 이를 비접지식 고압전로에 시설하는 기계기구의 철대 또는 금속제 외함의 접지공사 또는 비접지식 고압전로와 저압전로를 결합하는 변압기의 저압 전로의 접지공사의 접지극으로 사용할 수 있다. 다만, 대지와의 사이에 전기저항 값이 2[Ω] 이하인 값을 유지하는 경우에 한한다.

(10) 접지도체의 최소 단면적

접지도체의 단면적은 큰 고장전류가 접지도체를 통하여 흐르지 않을 경우 접지도체의 최소 단면적은 다음과 같다.

① 구리는 6[mm^2] 이상

② 철제는 50[mm^2] 이상

단, 접지도체에 피뢰시스템이 접속되는 경우, 접지도체의 단면적은 구리 16[mm^2] 또는 철 50[mm^2] 이상으로 하여야 한다.

③ 적용 종류별 접지선의 최소 단면적

가. 특고압・고압 전기설비용 접지도체는 단면적 6[mm^2] 이상의 연동선 또는 동등 이상의 단면적 및 강도를 가져야 한다.

나. 중성점 접지용 접지도체는 공칭단면적 16[mm^2] 이상의 연동선 또는 동등 이상의 단면적 및 세기를 가져야 한다. 다만, 다음의 경우에는 공칭단면적 6[mm^2] 이상의 연동선 또는 동등 이상의 단면적 및 강도를 가져야 한다.

㉠ 7[kV] 이하의 전로

㉡ 사용전압이 25[kV] 이하인 특고압 가공전선로. 다만, 중성선 다중접지식의 것으로서 전로에 지락이 생겼을 때 2초 이내에 자동적으로 이를 전로로부터 차단하는 장치가 되어 있는 것

다. 이동하여 사용하는 전기기계기구의 금속제 외함 등의 접지시스템의 경우는 다음의 것을 사용하여야 한다.

㉠ 특고압・고압 전기설비용 접지도체 및 중성점 접지용 접지도체는 클로로프렌 캡타이어 케이블(3종 및 4종) 또는 클로로설포네이트폴리에틸렌 캡타이어 케이블(3종 및 4종)의 1개 도체 또는 다심 캡타이어 케이블의 차폐 또는 기타의 금속체로 단면적이 10[mm^2] 이상인 것을 사용한다.

㉡ 저압 전기설비용 접지도체는 다심 코드 또는 다심 캡타이어 케이블의 1개 도체의 단면적이 0.75[mm^2] 이상인 것을 사용한다. 다만, 기타 유연성이 있는 연동연선은 1개 도체의 단면적이 1.5[mm^2] 이상인 것을 사용한다.

(11) 선도체와 보호도체의 단면적

① 보호도체의 단면적의 선정

선도체의 단면적 S ([mm^2], 구리)	보호도체의 최소 단면적([mm^2], 구리)	
	보호도체의 재질	
	선도체와 같은 경우	선도체와 다른 경우
$S \le 16$	S	$(k_1/k_2) \times S$
$16 < S \le 35$	16(a)	$(k_1/k_2) \times 16$
$S > 35$	S(a)/2	$(k_1/k_2) \times (S/2)$

② 보호도체의 단면적은 다음의 계산 값 이상이어야 한다.

가. 차단시간이 5초 이하인 경우에만 다음 계산식을 적용한다.

$$S = \frac{\sqrt{I^2 t}}{k}$$

S : 단면적[mm^2]

I : 보호장치를 통해 흐를 수 있는 예상 고장전류 실효값[A]

t : 자동차단을 위한 보호장치의 동작시간[s]

k : 보호도체, 절연, 기타 부위의 재질 및 초기온도와 최종온도에 따라 정해지는 계수

나. 계산 결과가 표 값 이상으로 산출된 경우, 계산 값 이상의 단면적을 가진 도체를 사용하여야 한다.

다. 보호도체가 케이블의 일부가 아니거나 선도체와 동일 외함에 설치되지 않으면 단면적은 다음의 굵기 이상으로 하여야 한다.

㉠ 기계적 손상에 대해 보호가 되는 경우는 구리 2.5[mm^2], 알루미늄 16[mm^2] 이상

㉡ 기계적 손상에 대해 보호가 되지 않는 경우는 구리 4[mm^2], 알루미늄 16[mm^2] 이상

(12) 보호도체의 종류와 사용 안 되는 금속부분

① 보호도체의 종류

가. 다심케이블의 도체

나. 충전도체와 같은 트렁킹에 수납된 절연도체 또는 나도체

다. 고정된 절연도체 또는 나도체

라. 금속케이블 외장, 케이블 차폐, 케이블 외장, 전선묶음(편조전선), 동심도체, 금속관

② 다음과 같은 금속부분은 보호도체 또는 보호본딩도체로 사용해서는 안 된다.

가. 금속 수도관

나. 가스・액체・분말과 같은 잠재적인 인화성 물질을 포함하는 금속관

다. 상시 기계적 응력을 받는 지지 구조물 일부

라. 가요성 금속배관. 다만, 보호도체의 목적으로 설계된 경우는 예외로 한다.
마. 가요성 금속전선관
바. 지지선, 케이블 트레이 및 이와 비슷한 것

(13) 보호도체의 단면적 보강

보호도체는 정상 운전상태에서 전류의 전도성 경로로 사용되지 않아야 한다.

① 전기설비의 정상 운전상태에서 보호도체에 10[mA]를 초과하는 전류가 흐르는 경우, 다음에 의해 보호도체를 증강하여 사용하여야 한다.
가. 보호도체가 하나인 경우 보호도체의 단면적은 전 구간에 구리 10[mm^2] 이상 또는 알루미늄 16[mm^2] 이상으로 하여야 한다.
나. 추가로 보호도체를 위한 별도의 단자가 구비된 경우, 최소한 고장 보호에 요구되는 보호도체의 단면적은 구리 10[mm^2], 알루미늄 16[mm^2] 이상으로 한다.

(14) 보호도체와 계통도체 겸용

① 보호도체와 계통도체를 겸용하는 겸용도체(중성선과 겸용, 선도체와 겸용, 중간도체와 겸용 등)는 해당하는 계통의 기능에 대한 조건을 만족하여야 한다.
가. 중성선과 겸용(PEN)
나. 선도체와 겸용(PEL)
다. 중간도체와 겸용(PEM)

② 겸용도체는 고정된 전기설비에서만 사용할 수 있으며 다음에 의한다.
가. 단면적은 구리 10[mm^2] 또는 알루미늄 16[mm^2] 이상이어야 한다.
나. 중성선과 보호도체의 겸용도체는 전기설비의 부하 측으로 시설하여서는 안 된다.
다. 폭발성 분위기 장소는 보호도체를 전용으로 하여야 한다.

③ 겸용도체는 다음 사항을 준수하여야 한다.
가. 전기설비의 일부에서 중성선 · 중간도체 · 선도체 및 보호도체가 별도로 배선되는 경우, 중성선 · 중간도체 · 상 도체를 전기설비의 다른 접지된 부분에 접속해서는 안 된다. 다만, 겸용도체에서 각각의 중성선 · 중간도체 · 선도체와 보호도체를 구성하는 것은 허용한다.
나. 겸용도체는 보호도체용 단자 또는 바에 접속되어야 한다.
다. 계통외도전부는 겸용도체로 사용해서는 안 된다.

(15) 주접지단자

① 접지시스템은 주접지단자를 설치하고, 다음의 도체들을 접속하여야 한다.
가. 등전위본딩도체
나. 접지도체

다. 보호도체

다. 기능성 접지도체

② 여러 개의 접지단자가 있는 장소는 접지단자를 상호 접속하여야 한다.

③ 주 접지단자에 접속하는 각 접지도체는 개별적으로 분리할 수 있어야 하며, 접지저항을 편리하게 측정할 수 있어야 한다.

13 저압수용가 인입구 접지

수용장소 인입구 부근에서 다음의 것을 접지극으로 사용하여 변압기 중성점 접지를 한 저압전선로의 중성선 또는 접지측 전선에 추가로 접지공사를 할 수 있다.

(1) 지중에 매설되어 있고 대지와의 전기저항 값이 3[Ω] 이하의 값을 유지하고 있는 금속제 수도관로

(2) 대지 사이의 전기저항 값이 3[Ω] 이하인 값을 유지하는 건물의 철골

(3) 접지도체는 공칭단면적 6[mm^2] 이상의 연동선 또는 이와 동등 이상의 세기 및 굵기의 쉽게 부식하지 않는 금속선으로서 고장 시 흐르는 전류를 안전하게 통할 수 있는 것이어야 한다.

14 주택 등 저압 수용장소 접지

(1) 저압수용장소에서 계통접지가 TN-C-S 방식인 경우에 보호도체는 다음에 따라 시설하여야 한다.

(2) 중성선 겸용 보호도체(PEN)는 고정 전기설비에만 사용할 수 있고, 그 도체의 단면적이 구리는 10[mm^2] 이상, 알루미늄은 16[mm^2] 이상이어야 하며, 그 계통의 최고전압에 대하여 절연되어야 한다.

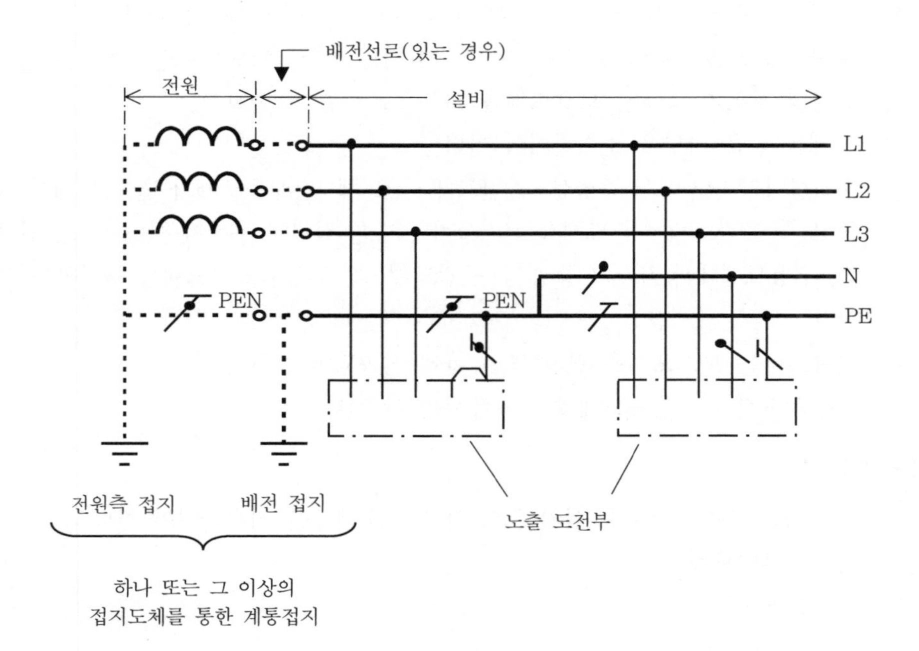

15 변압기 중성점 접지

(1) 중성점 접지저항 값

변압기의 중성점 접지저항 값은 다음에 의한다.

① 일반적으로 변압기의 고압·특고압측 전로 1선 지락전류로 150을 나눈 값과 같은 저항 값 이하

② 변압기의 고압·특고압측 전로 또는 사용전압이 35[kV] 이하의 특고압전로가 저압측 전로와 혼촉하고 저압전로의 대지전압이 150[V]를 초과하는 경우는 저항 값은 다음에 의한다.

가. 1초 초과 2초 이내에 고압·특고압전로를 자동으로 차단하는 장치를 설치할 때는 300을 나눈 값 이하

나. 1초 이내에 고압·특고압전로를 자동으로 차단하는 장치를 설치할 때는 600을 나눈 값 이하

16 공통접지와 통합접지

(1) 공통접지

고압 및 특고압과 저압 전기설비의 접지극이 서로 근접하여 시설되어 있는 변전소 또는 이와 유사한 곳에서는 다음과 같이 공통접지시스템으로 할 수 있다.

① 저압 전기설비의 접지극이 고압 및 특고압 접지극의 접지저항 형성영역에 완전히 포함되어 있다면 위험전압이 발생하지 않도록 이들 접지극을 상호 접속하여야 한다.

② 접지시스템에서 고압 및 특고압 계통의 지락사고 시 저압계통에 가해지는 상용주파 과전압은 표에서 정한 값을 초과해서는 안 된다.

고압계통에서 지락고장시간 [초]	저압설비 허용 상용주파 과전압 [V]	비고
>5	U_0 + 250	중성선 도체가 없는 계통에서 U_0는 선간전압을 말한다.
≤5	U_0 + 1,200	

(2) 통합접지

전기설비의 접지계통·건축물의 피뢰설비·전자통신설비 등의 접지극을 공용하는 통합접지시스템으로 하는 경우 다음과 같이 하여야 한다.

① 통합접지시스템은 (1)에 의한다.

② 낙뢰에 의한 과전압 등으로부터 전기전자기기 등을 보호하기 위해 서지보호장치를 설치하여야 한다.

17 감전보호용 등전위본딩

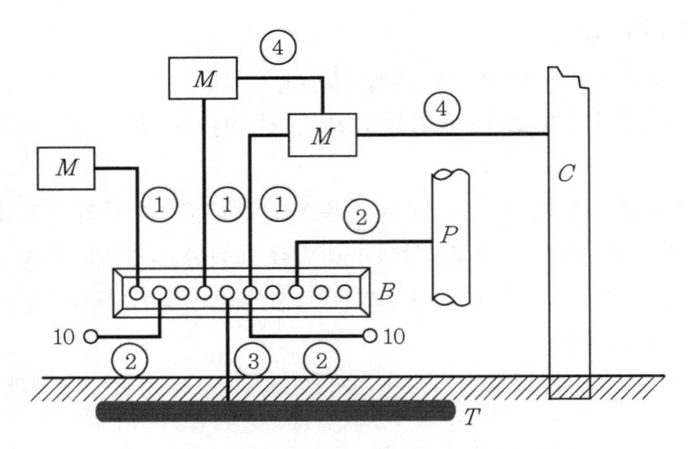

〈접지선 및 보호도체 및 등전위본딩 도체 단면적〉

① 보호도체
② 주 등전위본딩용 전선
③ 접지선
④ 보조 등전위본딩용 전선
M : 전기기기의 노출 도전성 부분
C : 철골, 금속덕트 등의 계통 외 도전성
B : 주접지단자
P : 수도관, 가스관 등 금속배관
T : 접지극
10 : 기타기기(정보통신시스템 또는 뇌보호등)

(1) 등전위본딩의 적용

건축물·구조물에서 접지도체, 주접지단자와 다음의 도전성부분은 등전위본딩하여야 한다. 다만, 이들 부분이 다른 보호도체로 주접지단자에 연결된 경우는 그러하지 아니하다.
① 수도관·가스관 등 외부에서 내부로 인입되는 금속배관
② 건축물·구조물의 철근, 철골 등 금속보강재
③ 일상생활에서 접촉이 가능한 금속제 난방배관 및 공조설비 등 계통외도전부

(2) 보호 등전위본딩

① 건축물·구조물의 외부에서 내부로 들어오는 각종 금속제 배관은 다음과 같이 하여야 한다.
가. 1 개소에 집중하여 인입하고, 인입구 부근에서 서로 접속하여 등전위본딩 바에 접속하여야 한다.

나. 대형건축물 등으로 1개소에 집중하여 인입하기 어려운 경우에는 본딩도체를 1개의 본딩 바에 연결한다.

② 수도관·가스관의 경우 내부로 인입된 최초의 밸브 후단에서 등전위본딩을 하여야 한다.

③ 건축물·구조물의 철근, 철골 등 금속보강재는 등전위본딩을 하여야 한다.

④ 보호등전위본딩 도체

주접지단자에 접속하기 위한 등전위본딩 도체는 설비 내에 있는 가장 큰 보호접지도체 단면적의 1/2 이상의 단면적을 가져야 하고 다음의 단면적 이상이어야 한다.

가. 구리도체 $6[mm^2]$

나. 알루미늄 도체 $16[mm^2]$

다. 강철 도체 $50[mm^2]$

(3) 보조 보호등전위본딩

① 전원자동차단에 의한 감전보호방식에서 고장시 자동차단시간이 다음 표에서 요구하는 계통별 최대차단시간을 초과하는 경우이다.

32[A] 이하 분기회로의 최대 차단시간 (단위 : 초)

계통	$50[V] < U_0 \le 120[V]$		$120[V] < U_0 \le 230[V]$		$230[V] < U_0 \le 400[V]$		$U_0 > 400[V]$	
	교류	직류	교류	직류	교류	직류	교류	직류
TN	0.8	[비고1]	0.4	5	0.2	0.4	0.1	0.1
TT	0.3	[비고1]	0.2	0.4	0.07	0.2	0.04	0.1

② 제1의 차단시간을 초과하고 2.5[m] 이내에 설치된 고정기기의 노출도전부와 계통외도전부는 보조 보호등전위본딩을 하여야 한다. 다만, 보조 보호등전위본딩의 유효성에 관해 의문이 생길 경우 동시에 접근 가능한 노출도전부와 계통외도전부 사이의 저항 값(R)이 다음의 조건을 충족하는지 확인하여야 한다.

교류 계통 : $R \le \dfrac{50\,V}{I_a}$ [Ω]

직류 계통 : $R \le \dfrac{120\,V}{I_a}$ [Ω]

I_a : 보호장치의 동작전류[A]

(누전차단기의 경우 IΔn(정격감도전류), 과전류보호장치의 경우 5초 이내 동작전류)

③ 보조 보호등전위본딩 도체

가. 두 개의 노출도전부를 접속하는 경우 도전성은 노출도전부에 접속된 더 작은 보호도체의 도전성보다 커야 한다.

나. 노출도전부를 계통외도전부에 접속하는 경우 도전성은 같은 단면적을 갖는 보호도체의 1/2 이상이어야 한다.

다. 케이블의 일부가 아닌 경우 또는 선로도체와 함께 수납되지 않은 본딩도체는 다음 값 이상이어야 한다.

㉠ 기계적 보호가 된 것은 구리도체 2.5[mm^2], 알루미늄 도체 16[mm^2]

㉡ 기계적 보호가 없는 것은 구리도체 4[mm^2], 알루미늄 도체 16[mm^2]

(4) 비접지 국부등전위본딩

① 절연성 바닥으로 된 비접지 장소에서 다음의 경우 국부등전위본딩을 하여야 한다.

가. 전기설비 상호 간이 2.5[m] 이내인 경우

나. 전기설비와 이를 지지하는 금속체 사이

② 전기설비 또는 계통외도전부를 통해 대지에 접촉하지 않아야 한다.

18 피뢰시스템

(1) 적용범위

① 전기전자설비가 설치된 건축물·구조물로서 낙뢰로부터 보호가 필요한 것 또는 지상으로부터 높이가 20[m] 이상인 것

② 전기설비 및 전자설비 중 낙뢰로부터 보호가 필요한 설비

(2) 피뢰시스템의 구성

① 직격뢰로부터 대상물을 보호하기 위한 외부피뢰시스템

② 간접뢰 및 유도뢰로부터 대상물을 보호하기 위한 내부피뢰시스템

(3) 외부피뢰시스템

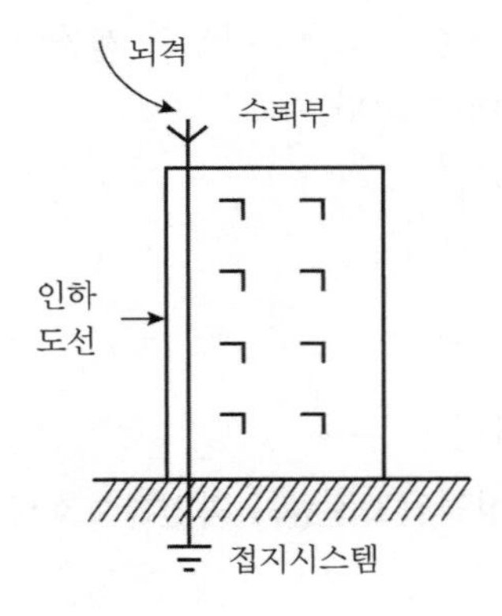

① 수뢰부시스템

가. 수뢰부시스템의 선정

돌침, 수평도체, 메시도체의 요소 중에 한 가지 또는 이를 조합한 형식으로 시설하여야 한다.

나. 수뢰부시스템의 배치 설계

보호각법, 회전구체법, 메시법 중 하나 또는 조합된 방법으로 배치하여야 한다. 건축물·구조물의 뾰족한 부분, 모서리 등에 우선하여 배치한다.

다. 건축물·구조물과 분리되지 않은 수뢰부시스템의 시설은 다음에 따른다.

㉠ 지붕 마감재가 불연성 재료로 된 경우 지붕표면에 시설할 수 있다.

㉡ 지붕 마감재가 높은 가연성 재료로 된 경우 지붕재료와 다음과 같이 이격하여 시설한다.

- 초가지붕 또는 이와 유사한 경우 0.15[m] 이상
- 다른 재료의 가연성 재료인 경우 0.1[m] 이상

ⓐ 보호각법 : 건축물이 20[m] 이상일 경우 보호각이 달라지는 것을 이용한 방식이다. (적용 : 단순구조물 및 60[m] 이하 건축물)

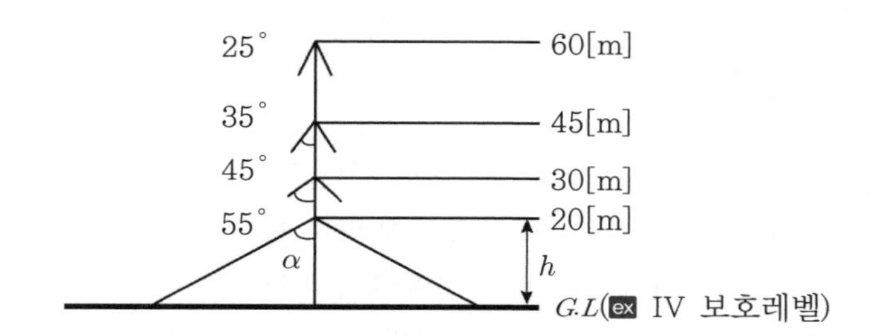

ⓑ 회전구체법 : 뇌의 선단이 대지에 근접시를 가정하여 뇌격거리의 r_s의 구가 돌침과 대지면에 접하도록 보호범위를 구한다(적용 : 60[m] 초과, 보호각법에서 사용제외된 구조물 및 복잡한 건축물 등).

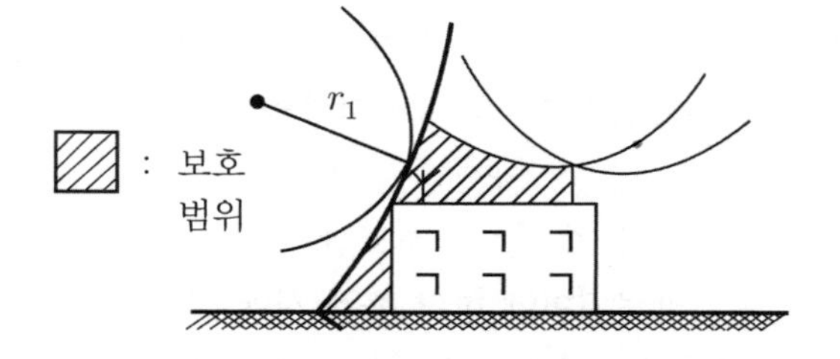

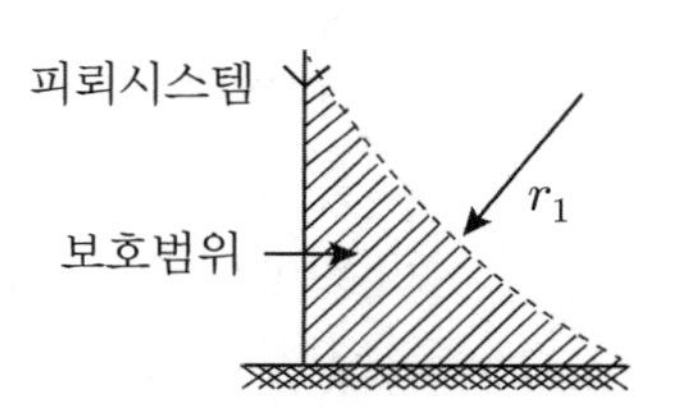

ⓒ 메시법 : 평평한 표면보호에 적용한다(측뢰보호, 간단한 형상물).

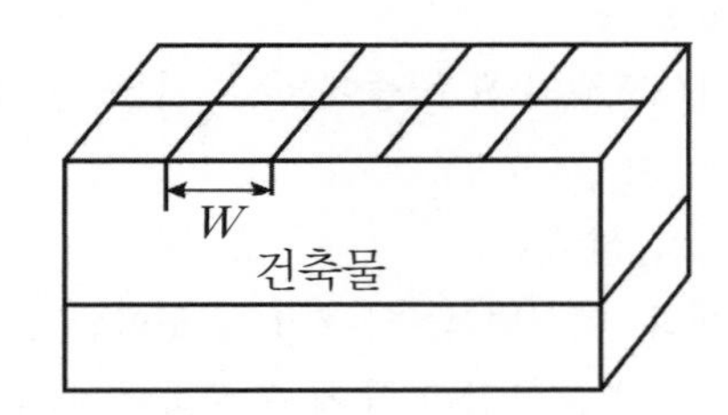

② 인하도선시스템

수뢰부시스템과 접지시스템을 연결하는 것으로 복수의 인하도선을 병렬로 구성해야 하며, 경로의 길이가 최소가 되도록 한다.

가. 배치의 방법(건축물·구조물과 분리된 피뢰시스템인 경우)

㉠ 뇌전류의 경로가 보호대상물에 접촉하지 않도록 하여야 한다.

㉡ 별개의 지주에 설치되어 있는 경우 각 지주마다 1가닥 이상의 인하도선을 시설한다.

㉢ 수평도체 또는 메시도체인 경우 지지 구조물마다 1가닥 이상의 인하도선을 시설한다.

나. 배치의 방법(건축물·구조물과 분리되지 않은 피뢰시스템인 경우)

㉠ 벽이 불연성 재료로 된 경우에는 벽의 표면 또는 내부에 시설할 수 있다. 다만, 벽이 가연성 재료인 경우에는 0.1[m] 이상 이격하고, 이격이 불가능한 경우에는 도체의 단면적을 100[mm^2] 이상으로 한다.

㉡ 인하도선의 수는 2가닥 이상으로 한다.

㉢ 보호대상 건축물·구조물의 투영에 다른 둘레에 가능한 한 균등한 간격으로 배치한다. 다만, 노출된 모서리 부분에 우선하여 설치한다.

㉣ 병렬 인하도선의 최대 간격은 피뢰시스템 등급에 따라 Ⅰ·Ⅱ등급은 10[m], Ⅲ등급은 15[m], Ⅳ등급은 20[m]로 한다.

다. 수뢰부시스템과 접지극시스템 사이에 전기적 연속성이 형성되도록 다음에 따라 시설하여야 한다.

㉠ 경로는 가능한 한 최단거리로 곧게 수직으로 시설하되 루프 형성이 되지 않아야 하며, 처마 또는 수직으로 설치된 홈통 내부에 시설하지 않아야 한다.

㉡ 자연적 구성부재를 사용하는 경우에는 전기적 연속성이 보장되어야 한다. 다만, 전기적연속성 적합성은 해당하는 금속부재의 최상단부와 지표레벨 사이의 전기저항을 0.2[Ω] 이하로 한다.

㉢ 시험용 접속점을 접지극시스템과 가까운 인하도선과 접지극시스템의 연결부분에 시설하고, 이 접속점은 항상 폐로되어야 하며 측정 시에 공구 등으로만 개방할 수 있어야 한다. 다만, 자연적 구성부재를 이용하는 경우는 제외한다.

라. 인하도선으로 사용하는 자연적 구성부재는 다음에 의한다.

㉠ 각 부분의 전기적 연속성과 내구성이 확실하고, 인하도선으로 규정된 값 이상인 것

㉡ 전기적 연속성이 있는 구조물 등의 금속제 구조체(철골, 철근 등)

㉢ 구조물 등의 상호 접속된 강제 구조체

㉣ 장식벽재, 측면레일 및 금속제 장식 벽의 보조재로서, 치수가 인하도선에 대한 요구조건에 적합하거나 두께가 0.5[mm] 이상인 금속관. 다만, 수직방향 전기적 연속성이 유지되도록 접속한다.

㉤ 구조물 등의 상호 접속된 철근·철골 등을 인하도선으로 이용하는 경우 수평 환상도체는 설치하지 않아도 된다.

③ **접지극 시스템**

가. 접지극 시스템의 종류

수평 또는 수직접지극(A형) 또는 환상도체접지극 또는 기초접지극(B형) 중 하나 또는 조합한 시설로 한다.

나. 접지극 시스템의 배치

㉠ 수평 또는 수직 접지극(A형)은 최소 2개 이상을 동일 간격으로 배치해야 하고 피뢰시스템 등급별로 대지저항률에 따른 최소 길이 이상으로 한다. 다만, 설치방향에 의한 환산율은 수평 1.0, 수직 0.5로 한다.

㉡ 환상도체접지극 또는 기초접지극(B형)은 접지극 면적을 환산한 평균반지름이 최소길이 미만인 경우에는 해당하는 길이의 수평 또는 수직매설 접지극을 추가로 시설하여야 한다. 다만, 추가하는 수평 또는 수직매설 접지극의 수는 최소 2개 이상으로 한다.

㉢ 접지극시스템의 접지저항이 10[Ω] 이하인 경우 "가"와 "나"에도 불구하고 최소 길이 이하로 할 수 있다.

다. 접지극의 시설

㉠ 지표면에서 0.75[m] 이상 깊이로 매설하여야 한다. 다만, 필요시 해당 지역의 동결심도를 고려한 깊이로 할 수 있다.

㉡ 대지가 암반지역으로 대지저항이 높거나 건축물·구조물이 전자통신시스템을 많이 사용하는 시설의 경우에는 환상도체접지극 또는 기초접지극으로 한다.

㉢ 접지극 재료는 대지에 환경오염 및 부식의 문제가 없어야 한다.

㉣ 철근콘크리트 기초 내부의 상호 접속된 철근 또는 금속제 지하구조물 등 자연적 구성부재는 접지극으로 사용할 수 있다.

(4) 내부 피뢰 시스템

① **전기전자설비의 낙뢰에 대한 보호**

가. 뇌서지에 대한 보호는 다음 중 하나 이상에 의한다.

㉠ 접지·본딩

㉡ 자기차폐와 서지유입경로 차폐

㉢ 서지보호장치 설치

㉣ 절연인터페이스 구성

② 전기전자설비의 접지・본딩으로 보호

가. 목적

㉠ 뇌서지 전류를 대지로 방류시키기 위한 접지를 시설하여야 한다.

㉡ 전위차를 해소하고 자계를 감소시키기 위한 본딩을 구성하여야 한다.

나. 접지극

㉠ 전자・통신설비의 접지는 환상도체접지극 또는 기초접지극으로 한다.

㉡ 복수의 건축물・구조물 등을 각각 접지를 구성하고, 각각의 부분을 연결하는 콘크리트덕트・금속제 배관의 내부에 케이블이 있는 경우 각각의 접지 상호 간은 병행 설치된 도체로 연결하여야 한다. 다만, 차폐케이블인 경우는 차폐선을 양끝에서 각각의 접지시스템에 등전위본딩하는 것으로 한다.

다. 전자・통신설비(또는 이와 유사한 것)에서 위험한 전위차를 해소하고 자계를 감소시킬 필요가 있는 경우 다음에 의한 등전위본딩망을 시설하여야 한다.

㉠ 등전위본딩망은 건축물・구조물의 도전성 부분 또는 내부설비 일부분을 통합하여 시설한다.

㉡ 등전위본딩망은 메시 폭이 5[m] 이내가 되도록 하여 시설하고 구조물과 구조물 내부의 금속부분은 다중으로 접속한다. 다만, 금속 부분이나 도전성 설비가 피뢰구역의 경계를 지나가는 경우에는 직접 또는 서지보호장치를 통하여 본딩한다.

㉢ 도전성 부분의 등전위본딩은 방사형, 메시형 또는 이들의 조합형으로 한다.

(5) 전기전자설비의 낙뢰에 대한 보호

① 다음 장소에 설치되는 전기선, 통신선 등에는 서지보호장치를 시설하여야 한다.

가. 건축물・구조물은 하나 이상의 피뢰구역을 설정하고 각 피뢰구역의 인입 선로에는 서지보호장치를 설치한다.

나. 지중 저압수전의 경우, 내부에 설치하는 전기전자기기의 과전압범주별 임펄스내전압이 규정 값에 충족하는 경우는 서지보호장치를 생략할 수 있다.

(6) 피뢰시스템 등전위본딩

① 등전위본딩

외부피뢰시스템의 도체부분은 다음의 금속성 부분과 등전위본딩을 하여야 한다.

가. 내부피뢰시스템

② 등전위본딩의 상호 접속

가. 자연적 구성부재로 인한 본딩으로 전기적 연속성을 확보할 수 없는 장소는 본딩도체로 연결한다.

나. 본딩도체로 직접 접속이 적합하지 않거나 허용되지 않는 장소는 서지보호장치로 연결한다.

③ 금속제설비의 등전위본딩

가. 외부피뢰시스템이 보호대상 건축물·구조물에서 분리된 독립형인 경우, 등전위본딩은 지표레벨 부근에서 시설하여야 한다.

나. 외부피뢰시스템이 보호대상 건축물·구조물에 접속된 경우, 등전위본딩은 다음의 위치에서 접속하여야 한다.

㉠ 기초부분 또는 지표면 부근 위치에서 하여야 하며, 등전위본딩도체는 등전위본딩 바에 접속하고, 등전위본딩 바는 접지시스템에 접속하여야 하며, 쉽게 점검할 수 있도록 하여야 한다.

㉡ 절연 요구조건에 따른 안전이격거리를 확보할 수 없는 경우에는 피뢰시스템과 건축물·구조물 또는 내부설비의 도전성 부분은 등전위본딩하여야 하며, 직접 접속하거나 충전부인 경우는 서지보호장치를 경유하여 접속하여야 한다. 다만, 서지보호장치를 사용하는 경우 보호레벨은 보호구간 기기의 임펄스내전압보다 작아야 한다.

④ 등전위본딩 바

가. 설치위치는 짧은 경로로 접지시스템에 접속할 수 있는 위치로 하여야 하며, 저압 수전계통인 경우 주 배전반에 가까운 지표면 근방 내부 벽면에 설치한다.

나. 접지시스템(환상접지전극, 기초접지전극, 구조물의 접지보강재 등)에 짧은 경로로 접속하여야 한다.

다. 외부 도전성 부분, 전원선과 통신선의 인입점이 다른 경우 여러 개의 등전위본딩 바를 설치할 수 있다.

19 저압 전기설비

(1) 배전방식

① 교류회로

가. 3상 4선식의 중성선 또는 PEN 도체는 충전도체는 아니지만 운전전류를 흘리는 도체이다.

나. 3상 4선식에서 파생되는 단상 2선식 배전방식의 경우 두 도체 모두가 선도체이거나 하나의 선도체와 중성선 또는 하나의 선도체와 PEN 도체이다.

다. 모든 부하가 선간에 접속된 전기설비에서는 중성선의 설치가 필요하지 않을 수 있다.

② 직류회로

PEL과 PEM 도체는 충전도체는 아니지만 운전전류를 흘리는 도체이다. 2선식 배전방식이나 3선식 배전방식을 적용한다.

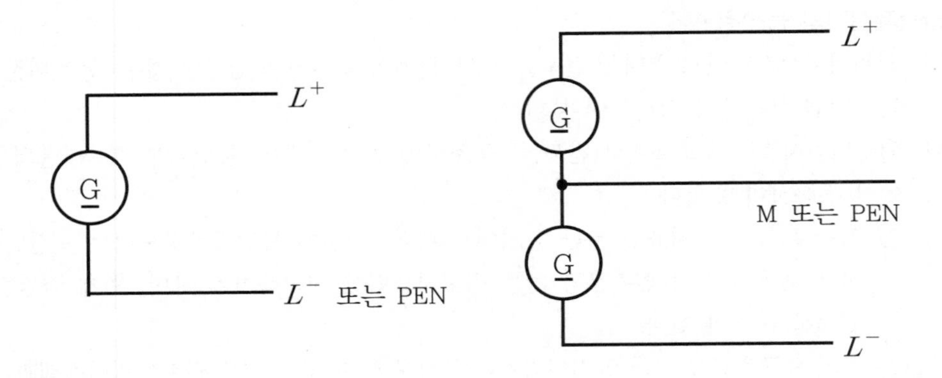

(2) 계통접지의 구성

저압전로의 보호도체 및 중성선의 접속 방식에 따라 접지계통은 다음과 같이 분류한다.

① TN 계통

② TT 계통

③ IT 계통

(3) 계통접지에서 사용되는 문자의 정의는 다음과 같다.

① 제1문자 - 전원계통과 대지의 관계

T : 한 점을 대지에 직접 접속

I : 모든 충전부를 대지와 절연시키거나 높은 임피던스를 통하여 한 점을 대지에 직접 접속

② 제2문자 - 전기설비의 노출도전부와 대지의 관계

T : 노출도전부를 대지로 직접 접속. 전원계통의 접지와는 무관

N : 노출도전부를 전원계통의 접지점(교류 계통에서는 통상적으로 중성점, 중성점이 없을 경우는 선도체)에 직접 접속

③ 그 다음 문자(문자가 있을 경우) - 중성선과 보호도체의 배치

S : 중성선 또는 접지된 선도체 외에 별도의 도체에 의해 제공되는 보호 기능

C : 중성선과 보호 기능을 한 개의 도체로 겸용(PEN 도체)

(4) 각 계통에서 나타내는 그림의 기호는 다음과 같다.

기호 설명	
(기호)	중성선(N), 중간도체(M)
(기호)	보호도체(PE)
(기호)	중성선과 보호도체 겸용(PEN)

(5) 계통 방식의 종류

① TN 계통

전원측의 한 점을 직접접지하고 설비의 노출도전부를 보호도체로 접속시키는 방식으로 중성선 및 보호도체(PE 도체)의 배치 및 접속방식으로서 TN-S 계통은 계통 전체에 대해 별도의 중성선 또는 PE 도체를 사용한다. 배전계통에서 PE 도체를 추가로 접지할 수 있다.

가. 계통 내에서 별도의 중성선과 보호도체가 있는 TN-S 계통

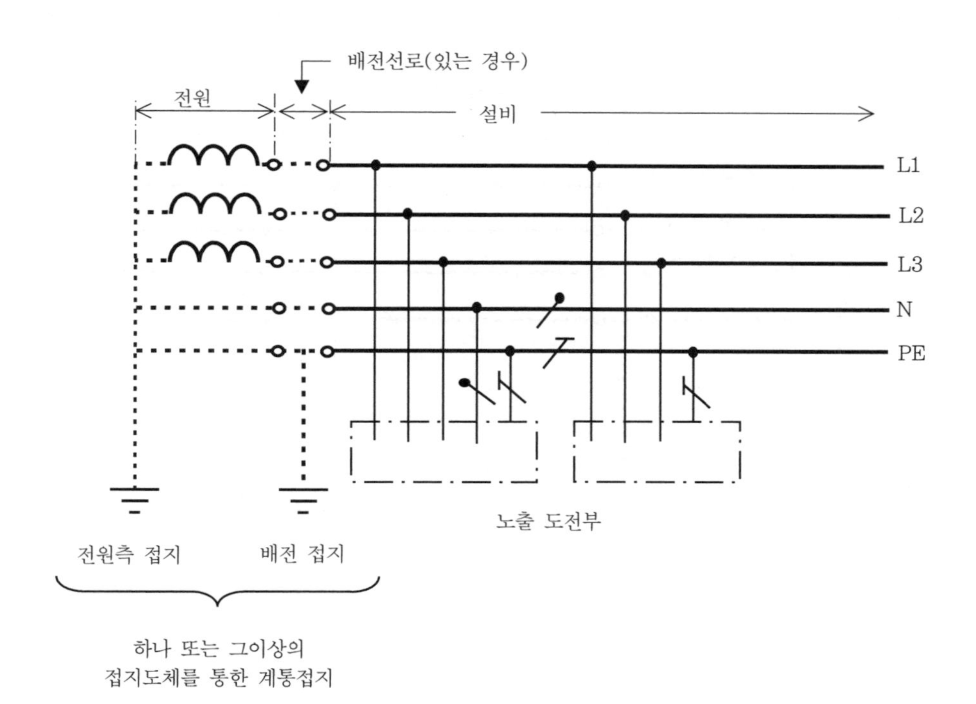

나. 계통 내에서 별도의 접지된 선도체와 보호도체가 있는 TN-S 계통

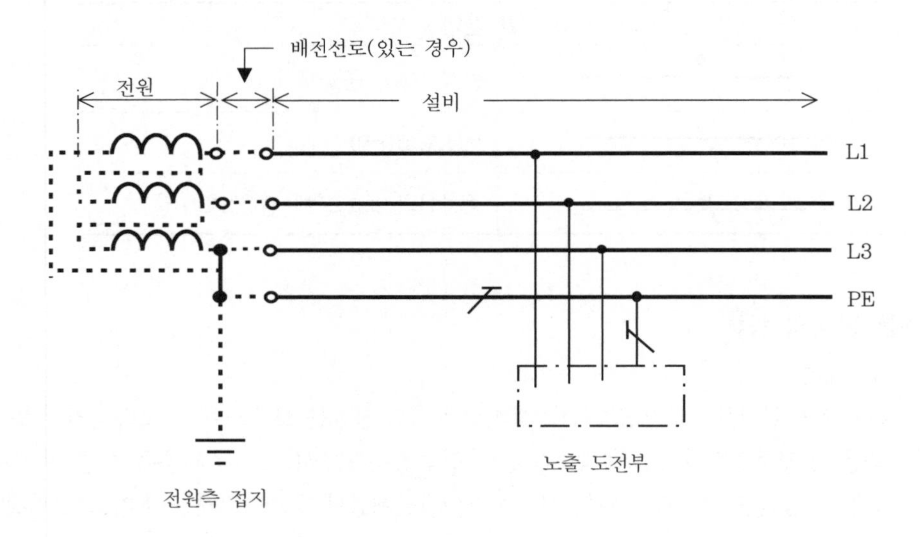

다. 계통 내에서 접지된 보호도체는 있으나 중성선의 배선이 없는 TN-S 계통

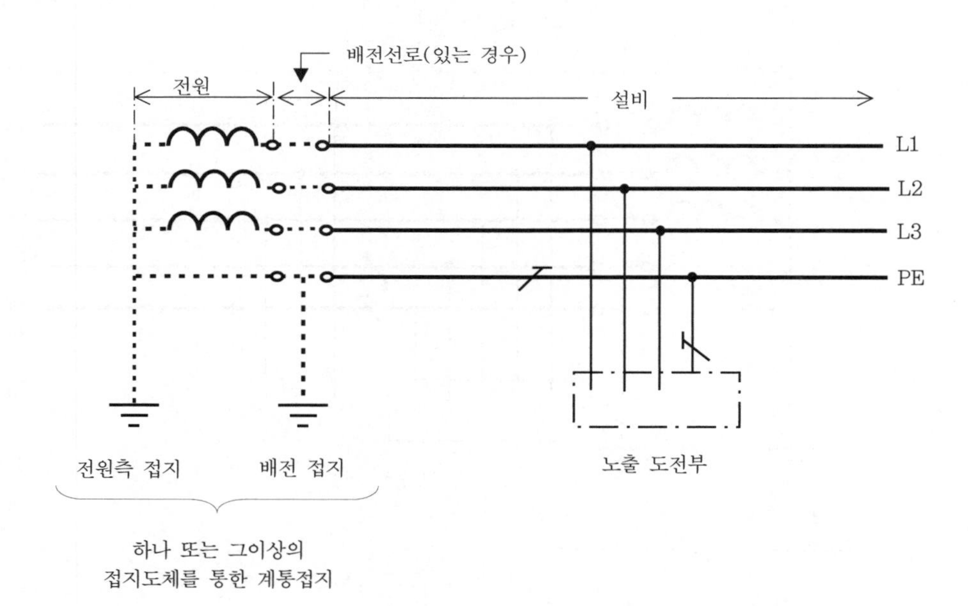

② TN-C 계통

TN-C 계통은 그 계통 전체에 대해 중성선과 보호도체의 기능을 동일도체로 겸용한 PEN 도체를 사용한다. 배전계통에서 PEN 도체를 추가로 접지할 수 있다.

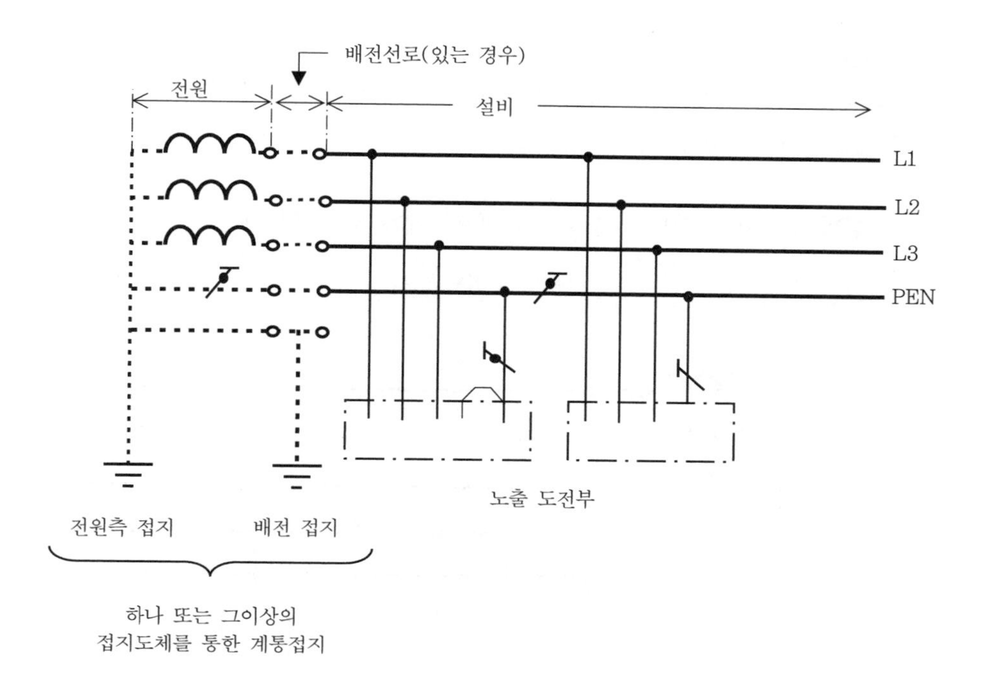

③ TN-C-S 계통

TN-C-S 계통은 계통의 일부분에서 PEN 도체를 사용하거나, 중성선과 별도의 PE 도체를 사용하는 방식이 있다. 배전계통에서 PEN 도체와 PE 도체를 추가로 접지할 수 있다.

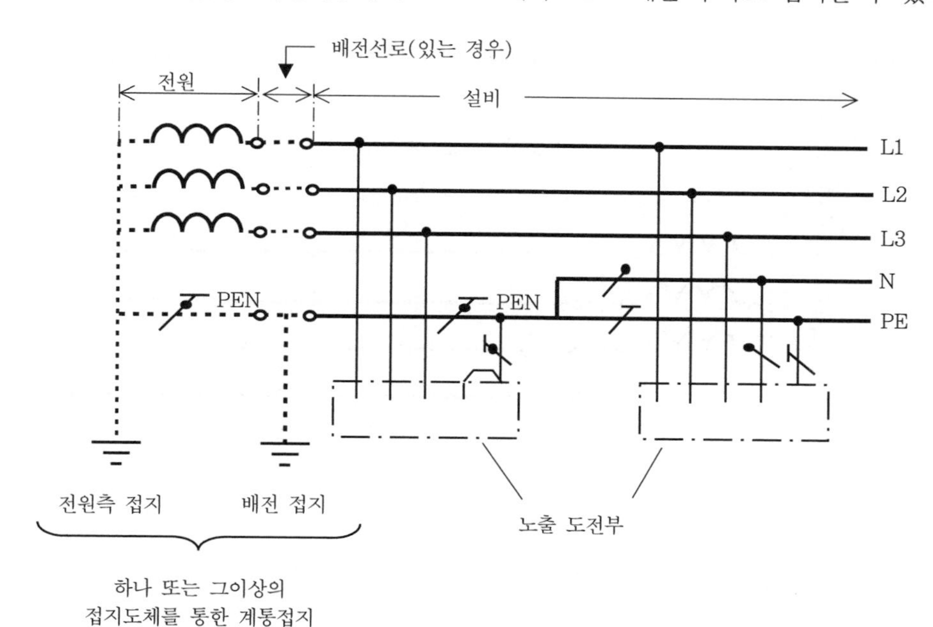

④ TT 접지 계통

전원의 한 점을 직접 접지하고 설비의 노출도전부는 전원의 접지전극과 전기적으로 독립적인 접지극에 접속시킨다.

가. 설비 전체에서 별도의 중성선과 보호도체가 있는 TT 계통

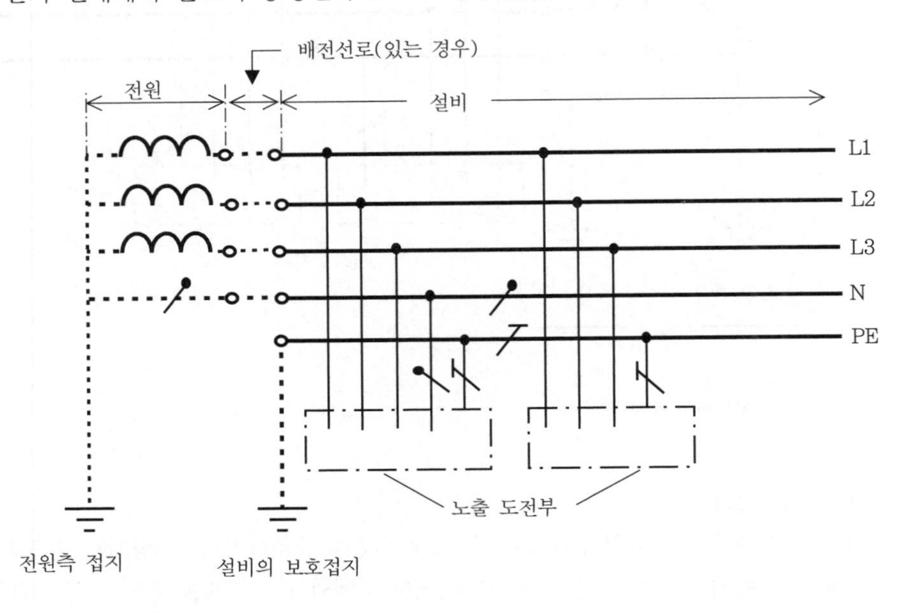

나. 설비 전체에서 접지된 보호도체가 있으나 배전용 중성선이 없는 TT 계통

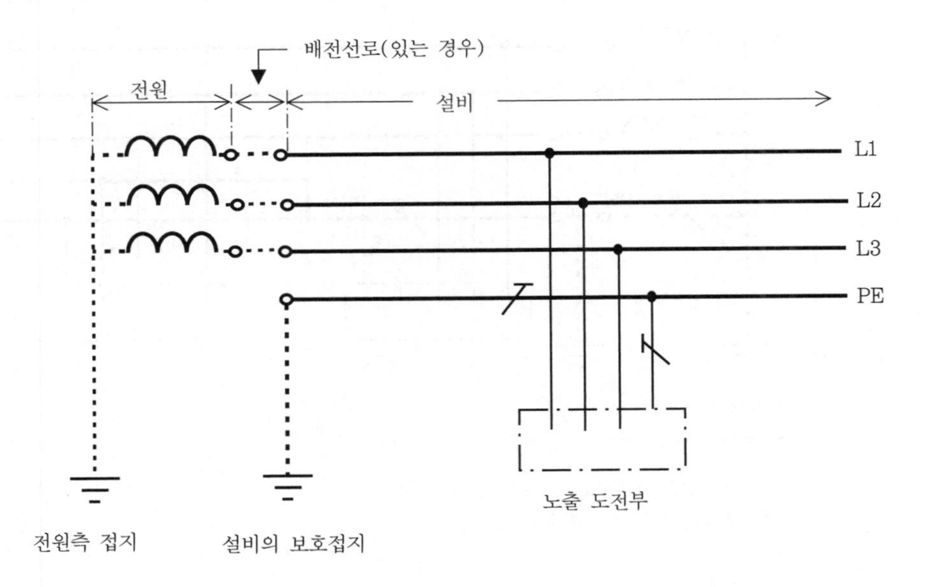

⑤ 접지 계통

충전부 전체를 대지로부터 절연시키거나, 한 점을 임피던스를 통해 대지에 접속시킨다. 전기설비의 노출도전부를 단독 또는 일괄적으로 계통의 PE 도체에 접속시킨다. 배전계통에서 추가접지가 가능하다.

가. 계통 내의 모든 노출도전부가 보호도체에 의해 접속되어 일괄 접지된 IT 계통

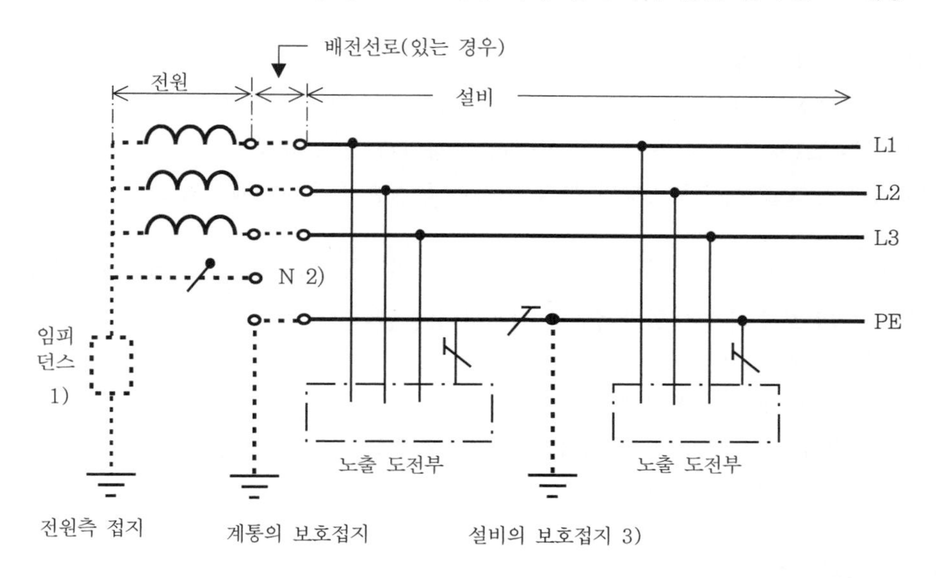

나. 노출도전부가 조합으로 또는 개별로 접지된 IT 계통

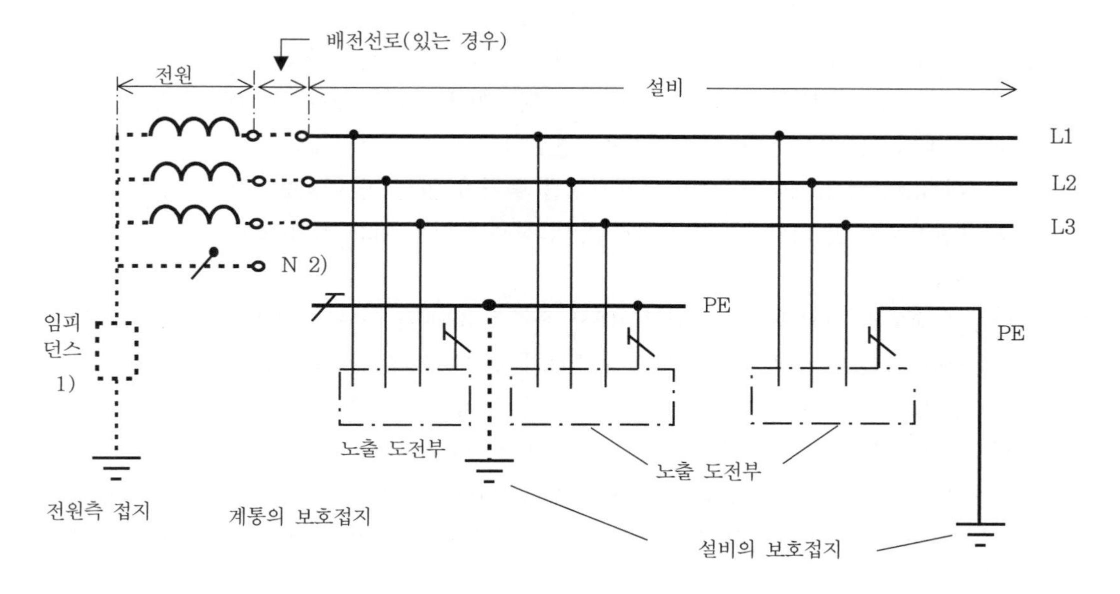

20 안전을 위한 보호

(1) 일반 요구사항

안전을 위한 보호에서 별도의 언급이 없는 한 다음의 전압 규정에 따른다.

① 교류전압은 실효값으로 한다.

② 직류전압은 리플프리로 한다.

(2) 보호대책의 구성

① 기본보호와 고장보호를 독립적으로 적절하게 조합

② 기본보호와 고장보호를 모두 제공하는 강화된 보호 규정

③ 추가적 보호는 외부영향의 특정 조건과 특정한 특수장소에서의 보호

(3) 설비의 각 부분에서 하나 이상의 보호대책은 외부영향의 조건을 고려하여 적용하여야 한다.

① 다음의 보호대책을 일반적으로 적용하여야 한다.

② 전원의 자동차단

③ 이중절연 또는 강화절연

④ 한 개의 전기사용기기에 전기를 공급하기 위한 전기적 분리

⑤ SELV와 PELV에 의한 특별저압

(4) 누전차단기의 시설

① 금속제 외함을 가지는 사용전압이 50[V]를 초과하는 저압의 기계기구로서 사람이 쉽게 접촉할 우려가 있는 곳에 시설하는 것에 전기를 공급하는 전로
(다만, 다음의 어느 하나에 해당하는 경우에는 적용하지 않는다.)

가. 기계기구를 발전소·변전소·개폐소 또는 이에 준하는 곳에 시설하는 경우

나. 기계기구를 건조한 곳에 시설하는 경우

다. 대지전압이 150[V] 이하인 기계기구를 물기가 있는 곳 이외의 곳에 시설하는 경우

라. 「전기용품 및 생활용품 안전관리법」의 적용을 받는 이중 절연구조의 기계기구를 시설하는 경우

마. 그 전로의 전원측에 절연변압기(2차 전압이 300[V] 이하인 경우에 한함)를 시설하고 또한 그 절연 변압기의 부하측의 전로에 접지하지 아니하는 경우

바. 기계기구가 고무·합성수지 기타 절연물로 피복된 경우

사. 기계기구가 유도전동기의 2차측 전로에 접속되는 것일 경우

아. 기계기구 내에 「전기용품 및 생활용품 안전관리법」의 적용을 받는 누전차단기를 설치하고 또한 기계기구의 전원 연결선이 손상을 받을 우려가 없도록 시설하는 경우

② 주택의 인입구 등 다른 절에서 누전차단기 설치를 요구하는 전로
③ 특고압전로, 고압전로 또는 저압전로와 변압기에 의하여 결합되는 사용전압 400[V] 이상의 저압전로 또는 발전기에서 공급하는 사용전압 400[V] 이상의 저압전로(발전소 및 변전소와 이에 준하는 곳에 있는 부분의 전로를 제외함)
④ 다음의 전로에는 전기용품 안전기준의 적용을 받는 자동복구 기능을 갖는 누전차단기를 시설할 수 있다.
가. 독립된 무인 통신중계소 · 기지국
나. 관련법령에 의해 일반인의 출입을 금지 또는 제한하는 곳
다. 옥외의 장소에 무인으로 운전하는 통신중계기 또는 단위기기 전용회로. 단, 일반인이 특정한 목적을 위해 지체하는(머물러 있는) 장소로서 버스정류장, 횡단보도 등에는 시설할 수 없다.

(5) 각 접지방식별 특징

① TN 계통

가. TN 계통에서 설비의 접지 신뢰성은 PEN 도체 또는 PE 도체와 접지극과의 효과적인 접속에 의한다.

㉠ PEN 도체는 여러 지점에서 접지하여 PEN 도체의 단선위험을 최소화할 수 있도록 한다.

㉡ $\frac{R_B}{R_E} \leq 50/(U_0-50)$

R_B : 병렬 접지극 전체의 접지저항 값[Ω]

R_E : 1선 지락이 발생할 수 있으며 보호도체와 접속되어 있지 않는 계통외도전부의 대지와의 접촉저항의 최솟값[Ω]

U_0 : 공칭대지전압(실효값)

나. 전원 공급계통의 중성점이나 중간점은 접지하여야 한다. 중성점이나 중간점을 접지할 수 없는 경우에는 선도체 중 하나를 접지하여야 한다. 설비의 노출도전부는 보호도체로 전원공급계통의 접지점에 접속하여야 한다.

다. 다른 유효한 접지점이 있다면, 보호도체(PE 및 PEN 도체)는 건물이나 구내의 인입구 또는 추가로 접지하여야 한다.

라. TN 계통에서 과전류보호장치 및 누전차단기는 고장보호에 사용할 수 있다. 누전차단기를 사용하는 경우 과전류보호 겸용의 것을 사용해야 한다.

마. TN-C 계통에는 누전차단기를 사용해서는 아니 된다. TN-C-S 계통에 누전차단기를 설치하는 경우에는 누전차단기의 부하측에는 PEN 도체를 사용할 수 없다. 이러한 경우 PE도체는 누전차단기의 전원측에서 PEN 도체에 접속하여야 한다.

② TT 계통

가. 전원계통의 중성점이나 중간점은 접지하여야 한다. 중성점이나 중간점을 이용할 수 없는 경우, 선도체 중 하나를 접지하여야 한다.

나. TT 계통은 누전차단기를 사용하여 고장보호

다. 누전차단기를 사용하여 TT 계통의 고장보호를 하는 경우에는 다음에 적합하여야 한다.

$R_A \times I_{\Delta n} \leq 50[V]$

R_A : 노출도전부에 접속된 보호도체와 접지극 저항의 합[Ω]

$I_{\Delta n}$: 누전차단기의 정격동작 전류[A]

③ IT 계통

가. 노출도전부는 개별 또는 집합적으로 접지하여야 하며, 다음 조건을 충족하여야 한다.

㉠ 교류계통 : $R_A \times I_d \leq 50[V]$

㉡ 직류계통 : $R_A \times I_d \leq 120[V]$

R_A : 접지극과 노출도전부에 접속된 보호도체 저항의 합

I_d : 하나의 선도체와 노출도전부 사이에서 무시할 수 있는 임피던스로 1차 고장이 발생했을 때의 고장전류[A]로 전기설비의 누설전류와 총 접지임피던스를 고려한 값

나. 노출도전부는 개별 또는 집합적으로 접지하여야 하며, 다음 조건을 충족하여야 한다.

㉠ 교류계통 : $R_A \times I_d \leq 50[V]$

㉡ 직류계통 : $R_A \times I_d \leq 120[V]$

R_A : 접지극과 노출도전부에 접속된 보호도체 저항의 합

I_d : 하나의 선도체와 노출도전부 사이에서 무시할 수 있는 임피던스로 1차 고장이 발생했을 때의 고장전류[A]로 전기설비의 누설전류와 총 접지임피던스를 고려한 값

(6) SELV와 PELV를 적용한 특별저압에 의한 보호

① 특별저압에 의한 보호는 다음의 특별저압 계통에 의한 보호대책이다.

가. SELV(Safety Extra-Low Voltage)

나. PELV(Protective Extra-Low Voltage)

② 보호대책의 요구사항

가. 특별저압 계통의 전압한계는 교류 50[V] 이하, 직류 120[V] 이하이어야 한다.

나. 특별저압 회로를 제외한 모든 회로로부터 특별저압 계통을 보호 분리하고, 특별저압 계통과 다른 특별저압 계통 간에는 기본절연을 하여야 한다.

다. SELV 계통과 대지간의 기본절연을 하여야 한다.

③ SELV와 PELV용 전원

특별저압 계통에는 다음의 전원을 사용해야 한다.

가. 안전절연변압기 전원

나. 안전절연변압기 및 이와 동등한 절연의 전원

다. 축전지 및 디젤발전기 등과 같은 독립전원

라. 내부고장이 발생한 경우에도 출력단자의 전압이 적절한 표준에 따른 전자장치

마. 저압으로 공급되는 안전절연변압기, 이중 또는 강화절연된 전동발전기 등 이동용 전원

④ SELV와 PELV 계통의 플러그와 콘센트는 다음에 따라야 한다.

가. 플러그는 다른 전압 계통의 콘센트에 꽂을 수 없어야 한다.

나. 콘센트는 다른 전압 계통의 플러그를 수용할 수 없어야 한다.

다. SELV 계통에서 플러그 및 콘센트는 보호도체에 접속하지 않아야 한다.

⑤ 건조한 상태에서 다음의 경우는 기본보호를 하지 않아도 된다.

가. SELV 회로에서 공칭전압이 교류 25[V] 또는 직류 60[V]를 초과하지 않는 경우

나. PELV 회로에서 공칭전압이 교류 25[V] 또는 직류 60[V]를 초과하지 않고 노출도전부 및 충전부가 보호도체에 의해서 주접지단자에 접속된 경우

⑥ SELV 또는 PELV 계통의 공칭전압이 교류 12[V] 또는 직류 30[V]를 초과하지 않는 경우에는 기본보호를 하지 않아도 된다.

(7) 과전류에 대한 보호

① 보호장치의 종류

가. 과부하 전류 및 단락전류 겸용 보호장치

나. 과부하 전류 전용 보호장치

다. 단락전류 전용 보호장치

② 과부하 전류에 의한 보호

과부하에 대해 케이블(전선)을 보호하는 장치의 동작특성은 다음의 식을 충족해야 한다.

$I_B \le I_n \le I_Z$

$I_2 \le 1.45 \times I_Z$

단, I_B : 회로의 설계전류

I_Z : 케이블의 허용전류

I_n : 보호장치의 정격전류

I_2 : 보호장치가 규약시간 이내에 유효하게 동작하는 것을 보장하는 전류

③ 과부하 보호장치의 설치 위치

과부하 보호장치는 전로 중 도체의 단면적, 특성, 설치방법, 구성의 변경으로 도체의 허용전류 값이 줄어드는 곳(이하 분기점이라 함)에 설치해야 한다.

④ 과부하보호장치 설치 위치 예외

아래 그림 같이 분기회로 (S_2)의 보호장치 (P_2)는 (P_2)의 전원측에서 분기점(O) 사이에 다른 분기회로 또는 콘센트의 접속이 없고, 단락의 위험과 화재 및 인체에 대한 위험성이 최소화되도록 시설된 경우, 분기회로의 보호장치 (P_2)는 분기회로의 분기점(O)으로부터 3[m]까지 이동하여 설치할 수 있다.

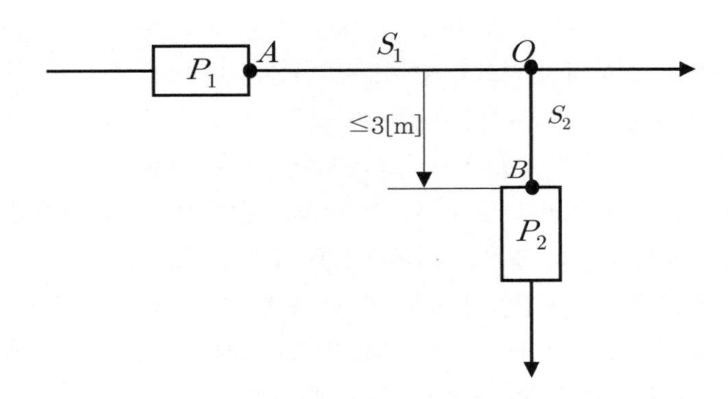

분기회로(S_2)의 분기점(O)에서 3[m] 이내에 설치된 과부하 보호장치(P_2)

⑤ 단락전류의 특성

회로의 임의의 지점에서 발생한 모든 단락전류는 케이블 및 절연도체의 허용 온도를 초과하지 않는 시간 내에 차단되도록 해야 한다. 단락지속시간이 5초 이하인 경우, 통상 사용조건에서의 단락전류에 의해 절연체의 허용온도에 달하기까지의 시간 t는 아래 식과 같이 계산할 수 있다.

$$t = (\frac{kS}{I})^2$$

단, t : 단락전류 지속시간 (초)

S : 도체의 단면적 (mm^2)

I : 유효 단락전류 (A, rms)

k : 도체 재료의 저항률, 온도계수, 열용량, 해당 초기온도와 최종온도를 고려한 계수

⑥ 저압 옥내전로 인입구의 개폐기 시설 생략

사용전압이 400[V] 미만인 옥내 전로로서 다른 옥내전로(정격전류가 16[A] 이하인 과전류 차단기 또는 정격전류가 16[A]를 초과하고 20[A] 이하인 배선용 차단기로 보호되고 있는 것에 한함)에 접속하는 길이 15[m] 이하의 전로

21 고압 및 특고압 전기설비

(1) 고압 또는 특고압과 저압의 혼촉에 의한 위험방지 시설

① 고압전로 또는 특고압전로와 저압전로를 결합하는 변압기의 저압측의 중성점에는 접지공사를 하여야 한다. 다만, 저압전로의 사용전압이 300[V] 이하인 경우에 그 접지공사를 변압기의 중성점에 하기 어려울 때에는 저압측의 1단자에 시행할 수 있다.

② 접지공사는 변압기의 시설장소마다 시행하여야 한다. 다만, 토지의 상황에 의하여 변압기의 시설장소에서 규정에 의한 접지저항 값을 얻기 어려운 경우, 인장강도 5.26[kN] 이상 또는 지름 4[mm] 이상의 가공 접지도체를 저압가공전선에 관한 규정에 준하여 시설할 때에는 변압기의 시설장소로부터 200[m]까지 떼어놓을 수 있다.

③ 접지공사는 각 변압기를 중심으로 하는 지름 400[m] 이내의 지역으로서 그 변압기에 접속되는 전선로 바로 아래의 부분에서 각 변압기의 양쪽에 있도록 할 것

④ 가공공동지선과 대지 사이의 합성 전기저항 값은 1[km]를 지름으로 하는 지역규정에 의해 접지저항 값을 가지는 것

(2) 특고압과 고압의 혼촉 등에 의한 위험방지 시설

변압기에 의하여 특고압전로에 결합되는 고압전로에는 사용전압의 3배 이하인 전압이 가하여진 경우에 방전하는 장치를 그 변압기의 단자에 가까운 1극에 설치하여야 한다.

(3) 전로의 중성점의 접지

① 목적

가. 전로의 보호 장치의 확실한 동작의 확보

나. 이상 전압의 억제

다. 대지전압의 저하

② 접지도체는 공칭단면적 16[mm^2] 이상의 연동선 또는 이와 동등 이상의 세기 및 굵기의 쉽게 부식하지 아니하는 금속선(저압 전로의 중성점에 시설하는 것은 공칭단면적 6[mm^2] 이상의 연동선 또는 이와 동등 이상의 세기 및 굵기의 쉽게 부식하지 않는 금속선)으로서 고장 시 흐르는 전류가 안전하게 통할 수 있는 것을 사용하고 또한 손상을 받을 우려가 없도록 시설할 것

(4) 기계기구의 지표상 높이

① 고압

가. 시가지 외 : 4[m] 이상

나. 시가지 : 4.5[m] 이상

② 특고압 : 5[m] 이상

(5) 가공지선

① 고압 : 인장강도 5.26[kN] 이상의 것 또는 지름 4[mm] 이상의 나경동선
② 특고압 : 가공지선에는 인장강도 8.01[kN] 이상의 나선 또는 지름 5[mm] 이상의 나경동선

(6) 특고압 배전용 변압기의 시설

① 변압기의 1차 전압은 35[kV] 이하, 2차 전압은 저압 또는 고압일 것
② 변압기의 특고압측에 개폐기 및 과전류차단기를 시설할 것

(7) 아크를 발생하는 기구의 시설

고압용 또는 특고압용의 개폐기·차단기·피뢰기 기타 이와 유사한 기구로서 동작 시에 아크가 생기는 것은 목재의 벽 또는 천장 기타의 가연성 물체로부터 표에서 정한 값 이상 이격하여 시설하여야 한다.

기구	이격거리
고압용	1[m] 이상
특고압용	2[m] 이상

(8) 고주파 이용 전기설비의 장해방지

고주파 이용 전기설비에서 다른 고주파 이용 전기설비에 누설되는 고주파 전류의 허용한도는 아래 그림과 같이 측정 장치 또는 이에 준하는 측정 장치로 2회 이상 연속하여 10분간 정하였을 때에 각각 측정값의 최댓값에 대한 평균값이 -30[dB]일 것

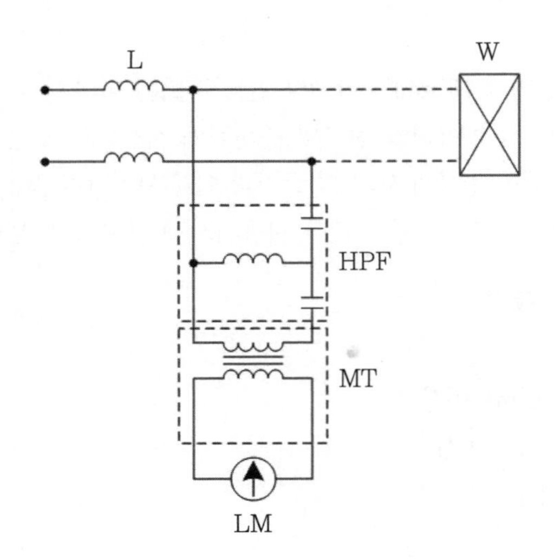

LM : 선택 레벨계

MT : 정합변성기

L : 고주파대역의 하이임피던스장치(고주파 이용 전기설비가 이용하는 전로와 다른 고주파 이용 전기설비가 이용하는 전로와의 경계점에 시설할 것)

HPF : 고역 여파기

W : 고주파 이용 전기설비

(9) 개폐기의 시설

① 고압용 또는 특고압용의 개폐기로서 부하전류를 차단하기 위한 것이 아닌 개폐기는 부하전류가 통하고 있을 경우에는 개로할 수 없도록 시설하여야 한다. 다만 다음의 경우 그러하지 아니하다.

가. 부하전류의 유무를 표시한 장치

나. 전화기 기타의 지령 장치

다. 터블렛 등을 사용

② 고압용 또는 특고압용의 개폐기로서 중력 등에 의하여 자연히 작동할 우려가 있는 것은 자물쇠장치 기타 이를 방지하는 장치를 시설하여야 한다.

(10) 기계기구의 외함의 접지 생략조건

① 사용전압이 직류 300[V] 또는 교류 대지전압이 150[V] 이하인 기계기구를 건조한 곳에 시설하는 경우

② 기계기구를 건조한 목재의 마루 또는 위 기타 이와 유사한 절연성 물건 위에서 취급하도록 시설하는 경우

③ 철대 또는 외함의 주위에 적당한 절연대를 설치하는 경우

④ 전기용품 및 생활용품 안전관리법의 적용을 받는 2중 절연구조로 되어 있는 기계기구를 시설하는 경우

⑤ 저압용 기계기구에 전기를 공급하는 전로의 전원측에 절연변압기(2차 전압이 300[V] 이하이며, 정격용량이 3[kVA] 이하인 것에 한함)를 시설하고 또한 그 절연변압기의 부하측 전로를 접지하지 않은 경우

⑥ 물기 있는 장소 이외의 장소에 시설하는 저압용의 개별 기계기구에 전기를 공급하는 전로에 「전기용품 및 생활용품 안전관리법」의 적용을 받는 인체감전보호용 누전차단기(정격감도전류가 30[mA] 이하, 동작시간이 0.03초 이하의 전류동작형에 한함)를 시설하는 경우

22 과전류 차단기

(1) 저압 전로의 과전류 보호장치

① 저압용 퓨즈

정격전류의 구분	시간	정격전류의 배수	
		불용단전류	용단전류
4[A] 이하	60분	1.5배	2.1배
4[A] 초과 16[A] 미만	60분	1.5배	1.9배
16[A] 이상 63[A] 이하	60분	1.25배	1.6배
63[A] 초과 160[A] 이하	120분	1.25배	1.6배
160[A] 초과 400[A] 이하	180분	1.25배	1.6배
400[A] 초과	240분	1.25배	1.6배

② 배선용 차단기

가. 산업용 배선용 차단기(과전류트립 동작시간 및 특성)

정격전류의 구분	시간	정격전류의 배수 (모든 극에 통전)	
		부동작 전류	동작 전류
63[A] 이하	60분	1.05배	1.3배
63[A] 초과	120분	1.05배	1.3배

나. 주택용 배선용 차단기(과전류트립 동작시간 및 특성)

정격전류의 구분	시간	정격전류의 배수 (모든 극에 통전)	
		부동작 전류	동작 전류
63[A] 이하	60분	1.13배	1.45배
63[A] 초과	120분	1.13배	1.45배

다. 주택용 배선용 차단기(순시트립에 따른 구분)

형	순시트립범위
B	$3I_n$ 초과 ~ $5I_n$ 이하
C	$5I_n$ 초과 ~ $10I_n$ 이하
D	$10I_n$ 초과 ~ $20I_n$ 이하

여기서 I_n은 차단기의 정격전류를 말한다.

라. 전동기 과부하 보호장치 생략조건

㉠ 옥내에 시설하는 전동기(정격 출력이 0.2[kW] 이하인 것을 제외한다)에는 전동기가 손상될 우려가 있는 과전류가 생겼을 때에 자동적으로 이를 저지하거나 이를 경보하는 장치를 하여야 한다. 다만, 다음의 어느 하나에 해당하는 경우에는 그러하지 아니하다.

㉡ 단상전동기로서 그 전원측 전로에 시설하는 과전류 차단기의 정격전류가 16[A](배선용 차단기는 20[A]) 이하인 경우

(2) 고압용 퓨즈

① **포장형 퓨즈** : 정격전류에 1.3배 견디고 2배의 전류로 120분 이내 용단

② **비포장형 퓨즈** : 정격전류에 1.25배 견디고 2배의 전류로 2분 이내 용단

과전류 차단기 시설 제한장소

(1) 접지공사의 접지도체

(2) 다선식 전로의 중성선

(3) 전로의 일부에 접지공사를 한 저압 가공전선로의 접지측 전선

23 피뢰기의 시설

(1) 시설장소

① 발전소, 변전소 또는 이에 준하는 장소의 가공전선 인입구 및 인출구

② 고압 및 특고압 가공전선로로부터 공급을 받는 수용장소의 인입구

③ 가공전선로와 지중전선로의 접속점

④ 특고압 가공전선로에 접속하는 배전용 변압기의 고압 및 특고압측

(2) 접지저항 : 10[Ω] 이하

01 CHAPTER 출제예상문제

01 **전압의 구분에서 고압의 범위는?**

① 교류는 1[kV] 이하, 직류는 1.5[kV] 이하인 것
② 교류는 1[kV]를, 직류는 1.5[kV]를 초과하고, 7[kV] 이하인 것
③ 교류는 6[kV]를, 직류를 7[kV]를 초과하고 8[kV] 이하의 것
④ 7[kV]를 초과하는 것

해설

전압의 구분
(1) 저압 : 교류는 1[kV] 이하, 직류는 1.5[kV] 이하인 것
(2) 고압 : 교류는 1[kV]를, 직류는 1.5[kV]를 초과하고, 7[kV] 이하인 것
(3) 특고압 : 7[kV]를 초과하는 것

02 **교류의 저압의 한계는 몇 [kV]인가?**

① 0.5 ② 0.8
③ 1 ④ 1.5

해설

전압의 구분
(1) 저압 : 교류는 1[kV] 이하, 직류는 1.5[kV] 이하인 것
(2) 고압 : 교류는 1[kV]를, 직류는 1.5[kV]를 초과하고, 7[kV] 이하인 것
(3) 특고압 : 7[kV]를 초과하는 것

03 **구내에 시설한 개폐기 기타의 장치에 의하여 전로를 개폐하는 곳으로서 발전소, 변전소 및 수용장소 이외의 곳을 무엇이라고 하는가?**

① 급전소 ② 송전소
③ 개폐소 ④ 배전소

해설

용어의 정의
"개폐소"란 개폐소 안에 시설한 개폐기 및 기타 장치에 의하여 전로를 개폐하는 곳으로서 발전소·변전소 및 수용장소 이외의 곳을 말한다.

정답 01 ② 02 ③ 03 ③

04 전력계통의 운용에 관한 지시를 하는 곳은?

① 급전소 ② 개폐소
③ 변전소 ④ 발전소

해설

용어의 정의

"급전소"란 전력계통의 운용에 관한 지시 및 급전조작을 하는 곳을 말한다.

05 "지중관로"에 대한 정의로 옳은 것은?

① 지중전선로, 지중약전류전선로와 지중 매설지선 등을 말한다.
② 지중전선로, 지중약전류전선로와 복합케이블 선로, 기타 이와 유사한 것 및 이들에 부속하는 지중함을 말한다.
③ 지중전선로, 지중약전류전선로, 지중에 시설하는 수관 및 가스관과 지중 매설지선을 말한다.
④ 지중전선로, 지중에 시설하는 수관 및 가스관과 기타 이와 유사한 것 및 이들에 부속하는 지중함 등을 말한다.

해설

용어의 정의

"지중관로"란 지중전선로 · 지중약전류전선로 · 지중 광섬유 케이블 선로 · 지중에 시설하는 수관 및 가스관과 이와 유사한 것 및 이들에 부속하는 지중함 등을 말한다.

06 "제2차 접근상태"라 함은 가공전선이 다른 시설물과 접근하는 경우에 그 가공전선이 다른 시설물의 위쪽 또는 옆 쪽에서 수평거리로 몇 [m] 미만인 곳에 시설되는 상태를 말하는가?

① 1.2 ② 2 ③ 2.5 ④ 3

해설

용어의 정의

"제2차 접근상태"란 가공전선이 다른 시설물과 접근하는 경우에 그 가공전선이 다른 시설물의 위쪽 또는 옆쪽에서 수평거리로 3[m] 미만인 곳에 시설되는 상태를 말한다.

정답 04 ① 05 ④ 06 ④

07 "지지물"의 정의에 대한 설명으로 가장 적당한 것은?

① 지중전선로를 보호하는 설비를 말한다.
② 전주 및 철탑과 이와 유사한 시설물로서 전선류를 지지하는 것을 주목적으로 하는 것을 말한다.
③ 목주나 철근으로 전주를 지지 보호하는 것을 주목적으로 하는 설비를 말한다.
④ 지중에 시설하는 수관 및 가스관 그리고 매설지선을 보호하는 것을 주목적으로 하는 것을 말한다.

해설

용어의 정의
"지지물"이란 목주 · 철주 · 철근콘크리트주 및 철탑과 이와 유사한 시설물로서 전선 · 약전류전선 또는 광섬유케이블을 지지하는 것을 주된 목적으로 하는 것을 말한다.

08 저압 인입선이 도로를 횡단 시 지표상 높이는 몇 [m] 이상이어야 하는가?

① 6 ② 5 ③ 4 ④ 3

해설

가공인입선
- 전선의 지표상 높이
  * 저압
    (1) 도로횡단 : 5[m] 이상
    (2) 철도횡단 : 6.5[m] 이상
    (3) 횡단보도교 : 3[m] 이상

09 고압 가공인입선의 전선으로 지름 몇 [mm] 이상의 경동선을 사용하여야 하는가?

① 1.6 ② 2.6 ③ 3.5 ④ 5.0

해설

가공인입선의 굵기
(1) 저압 : 2.6[mm] 이상의 경동선을 사용할 것(다만 경간이 15[m] 이하인 경우는 2.0[mm] 이상의 경동선일 것)
(2) 고압 : 5.0[mm] 이상의 경동선을 사용할 것

정답 07 ② 08 ② 09 ④

10 **고압 가공인입선의 높이는 그 아래에 위험 표시를 하였을 경우에 지표상 높이를 몇 [m]까지 감할 수 있는가?**

① 2.5　② 3　③ 3.5　④ 4

해설

가공인입선의 높이

고압의 경우 위험 표시를 두었을 경우 3.5[m] 이상

11 **고압 인입선을 다음과 같이 시설하였다. 시설기준에 맞지 않은 것은?**

① 고압 가공인입선 아래에 위험표시를 하고 지표상 3.5[m]의 높이에 설치하였다.

② 1.5[m] 떨어진 다른 수용가에 고압 연접인입선을 시설하였다.

③ 횡단 보도교 위에 시설하는 경우 케이블을 사용하여 노면상에서 3.5[m]의 높이에 시설하였다.

④ 전선은 5[mm] 경동선과 동등한 세기의 고압 절연전선을 사용하였다.

해설

고압 가공인입선

연접인입선의 경우 저압에서만 시설이 가능하다.

12 **저압 연접인입선이 횡단할 수 있는 최대의 도로 폭[m]은?**

① 3.5　② 4.0　③ 5.0　④ 5.5

해설

연접인입선 시설기준

(1) 인입선에서 분기하는 점으로부터 100[m]를 초과하는 지역에 미치지 아니할 것

(2) 폭 5[m]를 초과하는 도로를 횡단하지 아니할 것

(3) 옥내를 통과하지 아니할 것

(4) 저압만 가능

(5) 2.6[mm] 이상의 전선을 사용하나 경간이 15[m] 이하라면 2.0[mm]도 가능하다.

정답　10 ③　11 ②　12 ③

13 저압 옥측전선로의 공사에서 목조 조영물에 시설이 가능한 공사는?

① 금속관 공사
② 합성수지관 공사
③ 금속피복을 한 케이블 공사
④ 버스덕트 공사

해설

저압 옥측전선로

- 시설공사의 종류
  (1) 애자사용 공사(전개된 장소에 한함)
  (2) 합성수지관 공사
  (3) 금속관 공사(목조 이외의 조영물에 시설하는 경우에 한함)
  (4) 버스덕트 공사[목조 이외의 조영물(점검할 수 없는 은폐된 장소는 제외한다)에 시설하는 경우에 한함]
  (5) 케이블 공사(연피 케이블 · 알루미늄피 케이블 또는 미네럴 인슐레이션 케이블을 사용하는 경우에는 목조 이외의 조영물에 시설하는 경우에 한함)

14 고압 옥측전선로에 대한 시설기준으로 틀린 것은?

① 전선은 케이블일 것
② 케이블을 수직으로 붙일 경우 지지점 간의 거리를 5[m] 이하로 할 것
③ 전개된 장소에 시설할 것
④ 케이블을 견고한 관 또는 트라프에 넣거나 사람이 접촉하지 않도록 시설할 것

해설

고압 옥측전선로

케이블을 조영재의 옆면 또는 아랫면에 따라 붙일 경우에는 케이블의 지지점 간의 거리를 2[m] (수직으로 붙일 경우에는 6[m]) 이하로 하고 또한 피복을 손상하지 아니하도록 붙일 것

15 특고압 옥측전선로는 몇 [kV] 이하로 하여야 하는가?

① 35　② 60　③ 100　④ 170

해설

특고압 옥측전선로

사용전압 : 100[kV] 이하

정답 13 ② 14 ② 15 ③

16 다음 중 특고압에서 시설이 불가능한 경우는?

① 수중전선로
② 옥상전선로
③ 가공전선로
④ 지중전선로

해설

옥상전선로

특고압은 시설이 불가능하다.

17 저압 옥상전선로에 시설하는 전선은 인장강도 2.30[kN] 이상의 것 또는 지름 몇 [mm] 이상의 경동선이어야만 하는가?

① 1.6
② 2.0
③ 2.6
④ 3.2

해설

저압 옥상전선로

전선의 굵기 : 지름 2.6[mm] 이상의 경동선을 사용할 것

18 전선의 식별 시 중성선의 색깔은 어떤 색인가?

① 갈색
② 흑색
③ 회색
④ 청색

해설

전선의 식별

상(문자)	색상
L1	갈색
L2	흑색
L3	회색
N	청색
보호도체	녹색-노란색

* 중성선 : N상

정답 16 ② 17 ③ 18 ④

19 전로의 절연원칙에 따라 대지로부터 반드시 절연하여야 하는 것은?

① 전로의 중성점에 접지공사를 하는 경우의 접지점
② 계기용 변성기의 2차측 전로에 접지공사를 하는 경우의 접지점
③ 저압 가공전선로에 접속되는 변압기
④ 시험용 변압기

해설

전로는 다음 이외에는 대지로부터 절연하여야 한다.
(1) 접지공사의 접지점
(2) 시험용 변압기 등 전로의 일부를 대지로부터 절연하지 아니하고 전기를 사용하는 것이 부득이한 것
(3) 전기욕기・전기로・전기보일러・전해조 등 대지로부터 절연하는 것이 기술상 곤란한 것

20 저압의 전선로 중 절연 부분의 전선과 대지 간의 절연저항은 사용전압에 대한 누설전류가 최대 공급전류의 얼마를 넘지 않도록 유지하여야 하는가?

① $\frac{1}{1,000}$　② $\frac{1}{2,000}$　③ $\frac{1}{3,000}$　④ $\frac{1}{4,000}$

해설

누설전류
저압전선로 중 절연 부분의 전선과 대지 사이 및 전선의 심선 상호 간의 절연저항은 사용전압에 대한 누설전류가 최대 공급전류의 1/2,000을 넘지 않도록 하여야 한다.

21 절연저항 측정 시 전로의 사용전압이 500[V]를 초과할 경우 DC 1000[V]의 시험전압에서 몇 [MΩ] 이상이어야만 하는가?

① 0.2　② 0.4　③ 0.5　④ 1

해설

절연저항 값

전로의 사용전압[V]	DC시험전압[V]	절연저항[MΩ]
SELV 및 PELV	250	0.5
FELV, 500[V] 이하	500	1.0
500[V] 초과	1,000	1.0

정답 19 ③ 20 ② 21 ④

22 최대사용전압이 22,900[V]인 3상 4선식 중성선 다중접지식 전로와 대지 사이의 절연내력 시험전압은 몇 [V]인가?

① 21,068
② 25,229
③ 28,752
④ 32,510

해설

전로의 절연내력 시험전압

전로의 종류	시험전압
전압 7[kV] 이하인 전로	전압의 1.5배의 전압
전압 7[kV] 초과 25[kV] 이하인 중성점 접지식 전로(중성선을 가지는 것으로서 그 중성선을 다중접지하는 것에 한함)	전압의 0.92배의 전압

22,900×0.92 = 21,068[V]

23 최대 사용전압이 154,000[V]인 중성점 직접 접지식 전로의 절연내력 시험전압은 몇 [V]인가?

① 110,880
② 141,680
③ 169,400
④ 192,500

해설

전로의 절연내력 시험전압

전로의 종류	시험전압
전압이 60[kV] 초과 중성점 직접 접지식 전로	전압의 0.72배의 전압
전압이 170[kV] 초과 중성점 직접 접지식 전로	전압의 0.64배의 전압

154,000×0.72 = 110,880[V]

24 고압 및 특고압의 전로에 절연내력시험을 하는 경우 시험전압을 연속하여 몇 분 동안 가하는가?

① 1분 ② 5분 ③ 10분 ④ 30분

해설

절연내력 시험전압
시험시간 10분

정답 22 ① 23 ① 24 ③

25 **최대 사용전압이 7,000[V]인 회전기의 절연내력시험은 시험전압 몇 [V]를 권선과 대지 간에 가하여 10분간 견디어야 하는가?**

① 6,440　　② 7,700
③ 8,750　　④ 10,500

해설

회전기의 절연내력시험

<table>
<tr><th colspan="3">종류</th><th>시험전압</th><th>시험방법</th></tr>
<tr><td rowspan="3">회
전
기</td><td rowspan="2">발전기
전동기
조상기
기타회전기</td><td>7[kV]
이하</td><td>전압의 1.5배의 전압(500[V] 미만으로 되는 경우에는 500[V])</td><td rowspan="3">권선과 대지 사이에 연속하여 10분간 가한다.</td></tr>
<tr><td>7[kV]
초과</td><td>전압의 1.25배의 전압(10.5[kV] 미만으로 되는 경우에는 10.5[kV])</td></tr>
<tr><td colspan="2">회전변류기</td><td>직류측의 전압의 1배의 교류전압(500[V] 미만으로 되는 경우에는 500[V])</td></tr>
</table>

$7,000 \times 1.5 = 10,500$[V]

26 **연료전지 및 태양전지 모듈의 절연내력시험을 하는 경우 충전부분과 대지 사이에 어느 정도의 시험전압을 인가하여야 하는가? 단, 연속해서 10분간 가하여 견디는 것이어야 한다.**

① 최대 사용전압의 1.25배 직류전압 또는 1.25배의 교류전압
② 최대 사용전압의 1.25배 직류전압 또는 1배의 교류전압
③ 최대 사용전압의 1.5배 직류전압 또는 1.25배 교류전압
④ 최대 사용전압의 1.5배 직류전압 또는 1배의 교류전압

해설

연료전지 및 태양전지 모듈의 절연내력

연료전지 및 태양전지 모듈은 최대 사용전압의 1.5배의 직류전압 또는 1배의 교류전압(500[V] 미만으로 되는 경우에는 500[V])을 충전부분과 대지 사이에 연속하여 10분간 가하여 절연내력을 시험하였을 때 이에 견디는 것이어야 한다.

정답 25 ④ 26 ④

27 접지시스템의 시설의 종류가 아닌 것은?

① 단독접지 ② 공통접지
③ 외함접지 ④ 통합접지

해설

접지시스템 시설 종류

(1) 단독접지
각각의 접지를 개별로 접지하는 방식을 말한다.

(2) 공통접지
등전위가 형성되도록 저·고압 및 특고압 접지계통을 공통으로 접지하는 방식이다.

(3) 통합접지
전기, 통신, 피뢰설비 등 모든 접지를 통합하여 접지하는 방식으로, 건물 내에 사람이 접촉할 수 있는 모든 도전부가 등전위를 형성토록 한다.

28 접지공사에 사용하는 접지선을 사람이 접촉할 우려가 있는 곳에 시설하는 경우, 접지선의 어느 부분을 합성수지관 또는 이와 동등 이상의 절연효력 및 강도를 가지는 몰드로 덮어야 하는가?

① 지하 30[cm]로부터 지표상 2[m]까지
② 지하 50[cm]로부터 지표상 1.2[m]까지
③ 지하 60[cm]로부터 지표상 1.8[m]까지
④ 지하 75[cm]로부터 지표상 2[m]까지

해설

접지극의 매설기준

접지도체는 지하 0.75[m]부터 지표상 2[m]까지 부분은 합성수지관(두께 2[mm] 미만의 합성수지제 전선관 및 가연성 콤바인덕트관은 제외한다) 또는 이와 동등 이상의 절연효과와 강도를 가지는 몰드로 덮어야 한다.

29 접지극을 매설 시 지표면에서 몇 [m] 이상 깊이에 매설하는가?

① 0.55 ② 0.65 ③ 0.75 ④ 2

해설

접지극의 매설기준

접지극은 지표면으로부터 지하 0.75[m] 이상으로 하되 동결 깊이를 감안하여 매설 깊이를 정해야 한다.

정답 27 ③ 28 ④ 29 ③

30 가공전선로의 지지물에 취급자가 오르고 내리는 데 사용하는 발판 볼트 등은 원칙적으로 지표상 몇 [m] 미만에 시설하여서는 아니 되는가?

① 1.2 ② 1.5 ③ 1.8 ④ 2.0

해설

발판볼트

지지물에 취급자가 오르고 내리는 데 사용하는 발판 볼트 등은 원칙적으로 지표상 1.8[m] 이상

31 지중에 매설되어 있고 대지와의 전기저항 값이 몇 [Ω] 이하의 값을 유지하고 있는 금속제 수도관로는 이를 각종 접지공사의 접지극으로 사용할 수 있는가?

① 2 ② 3 ③ 5 ④ 10

해설

수도관 접지

지중에 매설되어 있고 대지와의 전기저항 값이 3[Ω] 이하의 값을 유지하고 있는 금속제 수도관로가 다음에 따르는 경우 접지극으로 사용이 가능하다.

32 비접지식 고압전로와 접속되는 변압기의 외함에 실시하는 접지공사의 접지극으로 사용할 수 있는 건물 철골의 대지 전기저항의 최댓값은 얼마인가?

① 2 ② 3 ③ 5 ④ 10

해설

철골접지

건축물・구조물의 철골 기타의 금속제는 이를 비접지식 고압전로에 시설하는 기계기구의 철대 또는 금속제 외함의 접지공사 또는 비접지식 고압전로와 저압전로를 결합하는 변압기의 저압전로의 접지공사의 접지극으로 사용할 수 있다. 다만, 대지와의 사이에 전기저항 값이 2[Ω] 이하인 값을 유지하는 경우에 한한다.

33 고압・특고압 전기설비용 접지도체의 최소 단면적은 몇 [mm^2] 이상이어야 하는가?

① 2.5 ② 4 ③ 6 ④ 16

정답 30 ③ 31 ② 32 ① 33 ③

해설

적용 종류별 접지선의 최소 단면적

특고압·고압 전기설비용 접지도체는 단면적 6[mm^2] 이상의 연동선 또는 동등 이상의 단면적 및 강도를 가져야 한다.

34 **중성점 접지도체로 사용되는 전선의 최소 단면적은 몇 [mm^2] 이상이어야 하는가?**

① 2.5 ② 4 ③ 6 ④ 16

해설

적용 종류별 접지선의 최소 단면적

중성점 접지용 접지도체는 공칭단면적 16[mm^2] 이상의 연동선 또는 동등 이상의 단면적 및 세기를 가져야 한다. 다만, 다음의 경우에는 공칭단면적 6[mm^2] 이상의 연동선 또는 동등 이상의 단면적 및 강도를 가져야 한다.

(1) 7[kV] 이하의 전로

(2) 사용전압이 25[kV] 이하인 특고압 가공전선로. 다만, 중성선 다중접지식의 것으로서 전로에 지락이 생겼을 때 2초 이내에 자동적으로 이를 전로로부터 차단하는 장치가 되어 있는 것

35 **선도체의 단면적이 16[mm^2]라면 보호도체와 선도체의 재질이 같은 경우 보호도체의 단면적은?**

① 6 ② 16 ③ 25 ④ 35

해설

보호도체의 단면적의 선정

선도체의 단면적 S ([mm^2], 구리)	보호도체의 최소 단면적([mm^2], 구리)	
	보호도체의 재질	
	선도체와 같은 경우	선도체와 다른 경우
$S \leq 16$	S	$(k_1/k_2) \times S$
$16 < S \leq 35$	16(a)	$(k_1/k_2) \times 16$
$S > 35$	S(a)/2	$(k_1/k_2) \times (S/2)$

36 **선도체의 단면적이 16[mm^2] 초과 35[mm^2] 이하라고 한다. 보호도체와 선도체의 재질이 같다면 보호도체의 단면적은?**

① 6 ② 16 ③ 25 ④ 35

정답 34 ④ 35 ② 36 ②

해설

보호도체의 단면적의 선정

선도체의 단면적 S [mm²], 구리)	보호도체의 최소 단면적[mm²], 구리)	
	보호도체의 재질	
	선도체와 같은 경우	선도체와 다른 경우
$S \leq 16$	S	$(k_1/k_2) \times S$
$16 < S \leq 35$	16(a)	$(k_1/k_2) \times 16$
$S > 35$	S(a)/2	$(k_1/k_2) \times (S/2)$

37 저압전로의 보호도체 및 중성선의 접속 방식에 따른 접지계통의 분류가 아닌 것은?

① IT 계통 ② TN 계통
③ TT 계통 ④ TC 계통

해설

저압전기설비의 접지계통
1) TN 계통
2) TT 계통
3) IT 계통

38 저압전로의 보호도체 및 중성선의 접속 방식에 따라 계통접지가 분류된다. 여기서 전원측 한 점을 직접 접지하고 설비의 노출도전부를 보호도체로 접속하며 그 계통 전체에 대해 중성선과 보호도체의 기능을 동일 도체로 겸용한 PEN 도체를 사용하는 방식은?

① TN-S ② TN-C
③ TT ④ IT

해설

TN-C 계통
TN-C 계통이란 전원측 한 점을 직접 접지하고 설비의 노출도전부를 보호도체로 접속하며 그 계통 전체에 대해 중성선과 보호도체의 기능을 동일 도체로 겸용한 PEN 도체를 사용하는 방식이다.

정답 37 ④ 38 ②

39 **변압기 고압측 전로의 1선 지락전류가 5[A]이고, 저압측 전로와의 혼촉에 의한 사고 시 고압측 전로를 자동적으로 차단하는 장치가 되어 있지 않은, 즉 일반적인 경우에는 변압기 중성점 접지저항 값의 최댓값은 몇 [Ω]인가?**

① 10 ② 20
③ 30 ④ 40

해설

변압기 중성점 접지

1) 중성점 접지저항 값

변압기의 중성점 접지저항 값은 다음에 의한다.

(1) 일반적으로 변압기의 고압・특고압측 전로 1선 지락전류로 150을 나눈 값과 같은 저항 값 이하

(2) 변압기의 고압・특고압측 전로 또는 사용전압이 35[kV] 이하의 특고압전로가 저압측 전로와 혼촉하고 저압전로의 대지전압이 150[V]를 초과하는 경우에 저항 값은 다음에 의한다.

① 1초 초과 2초 이내에 고압・특고압전로를 자동으로 차단하는 장치를 설치할 때는 300을 나눈 값 이하

② 1초 이내에 고압・특고압전로를 자동으로 차단하는 장치를 설치할 때는 600을 나눈 값 이하

$$R = \frac{150}{5} = 30[\Omega]$$

40 **고・저압 혼촉 시에 저압전로의 대지전압이 150[V]를 넘는 경우로서 1초를 넘고 2초 이내에 자동차단장치가 되어 있는 고압전로의 1선 지락전류가 30[A]인 경우, 이에 결합된 변압기 저압측의 제2종 접지저항 값은 몇 [Ω] 이하로 유지하여야 하는가?**

① 10 ② 15
③ 20 ④ 30

해설

중성점 접지저항 값

변압기의 고압・특고압측 전로 또는 사용전압이 35[kV] 이하의 특고압전로가 저압측 전로와 혼촉하고 저압전로의 대지전압이 150[V]를 초과하는 경우는 저항 값은 다음에 의한다.

(1) 1초 초과 2초 이내에 고압・특고압전로를 자동으로 차단하는 장치를 설치할 때는 300을 나눈 값 이하

$$R = \frac{300}{30} = 10[\Omega]$$

정답 39 ③ 40 ①

41 보호등전위본딩 도체로서 동을 사용할 경우 최소 단면적은 몇 [mm^2] 이상이어야 하는가?

① 6　② 16　③ 35　④ 50

해설

보호등전위본딩 도체

주접지단자에 접속하기 위한 등전위본딩 도체는 설비 내에 있는 가장 큰 보호접지도체 단면적의 1/2 이상의 단면적을 가져야 하고 다음의 단면적 이상이어야 한다.

(1) 구리도체 : 6[mm^2]

(2) 알루미늄 도체 : 16[mm^2]

(3) 강철도체 : 50[mm^2]

42 피뢰시스템의 적용범위는 지상으로부터 그 높이가 몇 [m] 이상인 것인가?

① 10　② 14　③ 16　④ 20

해설

피뢰시스템

- 적용범위

  전기전자설비가 설치된 건축물・구조물로서 낙뢰로부터 보호가 필요한 것 또는 지상으로부터 높이가 20[m] 이상인 것

43 외부 피뢰시스템의 구성요소가 아닌 것은?

① 수뢰부 시스템　② 인하도선 시스템　③ 서지흡수기 시스템　④ 접지극 시스템

해설

외부 피뢰시스템

수뢰부 시스템, 인하도선 시스템, 접지극 시스템

44 수뢰부 시스템의 요소가 아닌 것은?

① 돌침　② 서지보호　③ 메시도체　④ 수평도체

해설

수뢰부 시스템의 선정

돌침, 수평도체, 메시도체의 요소 중에 한 가지 또는 이를 조합한 형식으로 시설하여야 한다.

정답 41 ① 42 ④ 43 ③ 44 ②

45 **다음 외부 피뢰시스템의 인하도선 시스템에 대한 설명 중 옳지 않은 것은?**

① 복수의 인하도선을 직렬로 연결한다.
② 경로의 길이가 최소가 되도록 한다.
③ 뇌전류의 경로가 보호대상물에 접촉하지 않도록 하여야 한다.
④ 복수의 인하도선을 병렬로 연결한다.

해설

인하도선 시스템

수뢰부 시스템과 접지시스템을 연결하는 것으로 복수의 인하도선을 병렬로 구성해야 하며, 경로의 길이가 최소가 되도록 한다.

- 배치의 방법(건축물・구조물과 분리된 피뢰시스템인 경우)
  : 뇌전류의 경로가 보호대상물에 접촉하지 않도록 하여야 한다.

46 **접지극 시스템의 종류가 아닌 것은?**

① 수평접지극 ② 수직접지극 A형
③ 환상도체접지극 ④ 기초접지극 A형

해설

수평 또는 수직접지극(A형) 또는 환상도체접지극 또는 기초접지극(B형) 중 하나 또는 조합한 시설로 한다.

47 **고・저압 혼촉에 의한 위험을 방지하려고 시행하는 접지공사에 대한 기준으로 틀린 것은?**

① 접지공사는 변압기의 시설장소마다 시행하여야 한다.
② 토지의 상황에 의하여 접지저항치를 얻기 어려운 경우, 가공 접지선을 사용하여 접지극을 100[m]까지 떼어 넣을 수 있다.
③ 가공 공동지선을 설치하여 접지공사를 하는 경우 변압기를 중심으로 지름 400[m] 이내의 지역에 접지를 하여야 한다.
④ 저압 전로의 사용전압이 300[V] 이하인 경우에 그 접지공사를 중성점에 하기 어려우면 저압측의 1단자에 시행할 수 있다.

정답 45 ① 46 ④ 47 ②

해설

고압 또는 특고압과 저압의 혼촉에 의한 위험방지 시설

(1) 고압전로 또는 특고압전로와 저압전로를 결합하는 변압기의 저압측의 중성점에는 접지공사를 하여야 한다. 다만, 저압전로의 사용전압이 300[V] 이하인 경우에 그 접지공사를 변압기의 중성점에 하기 어려울 때에는 저압측의 1단자에 시행할 수 있다.

(2) 접지공사는 변압기의 시설장소마다 시행하여야 한다. 다만, 토지의 상황에 의하여 변압기의 시설장소에서 규정에 의한 접지저항 값을 얻기 어려운 경우, 인장강도 5.26[kN] 이상 또는 지름 4[mm] 이상의 가공 접지도체를 저압가공전선에 관한 규정에 준하여 시설할 때에는 변압기의 시설장소로부터 200[m]까지 떼어놓을 수 있다.

(3) 접지공사는 각 변압기를 중심으로 하는 지름 400[m] 이내의 지역으로서 그 변압기에 접속되는 전선로 바로 아래의 부분에서 각 변압기의 양쪽에 있도록 할 것

(4) 가공공동지선과 대지 사이의 합성 전기저항 값은 1[km]를 지름으로 하는 지역규정에 의해 접지저항 값을 가지는 것

48 **가공공동지선에 의한 접지공사에서 가공공동지선과 대지 간의 합성 전기저항치는 몇 [m]를 지름으로 하는 지역 안마다 규정하는 접지저항치를 가지는 것으로 하여야 하는가?**

① 400 ② 600 ③ 800 ④ 1,000

해설

가공공동지선

가공공동지선과 대지 사이의 합성 전기저항 값은 1[km]를 지름으로 하는 지역규정에 의해 접지저항 값을 가지는 것

49 **변압기에 의하여 특고압전로에 결합되는 고압전로에는 혼촉 등에 의한 위험 방지시설로 어떤 것을 그 변압기의 단자에 가까운 1극에 설치하여야 하는가?**

① 댐퍼 ② 절연애자 ③ 퓨즈 ④ 방전장치

해설

특고압과 고압의 혼촉 등에 의한 위험방지 시설

변압기에 의하여 특고압전로에 결합되는 고압전로에는 사용전압의 3배 이하인 전압이 가하여진 경우에 방전하는 장치를 그 변압기의 단자에 가까운 1극에 설치하여야 한다.

정답 48 ④ 49 ④

50 변압기에 의하여 특고압전로에 결합되는 고압전로에는 사용전압의 몇 배 이하인 전압이 가하여진 경우에 방전하는 장치를 그 변압기의 단자에 가까운 1극에 설치하여야 하는가?

① 6　　② 5　　③ 4　　④ 3

해설

특고압과 고압의 혼촉 등에 의한 위험방지 시설

변압기에 의하여 특고압전로에 결합되는 고압전로에는 사용전압의 3배 이하인 전압이 가하여진 경우에 방전하는 장치를 그 변압기의 단자에 가까운 1극에 설치하여야 한다.

51 전로의 중성점을 접지하는 목적이 아닌 것은?

① 고전압 침입 예방
② 이상 시 전위상승 억제
③ 보호계전장치 등의 확실한 동작의 확보
④ 부하 전류의 경감으로 전선을 절약

해설

전로의 중성점의 접지

- 목적
  (1) 전로의 보호 장치의 확실한 동작의 확보
  (2) 이상 전압의 억제
  (3) 대지전압의 저하

52 전로의 중성점 접지의 목적으로 볼 수 없는 것은?

① 대지전압의 억제　　② 이상전압의 억제
③ 손실전력의 감소　　④ 보호장치의 확실한 동작의 확보

해설

전로의 중성점의 접지

- 목적
  (1) 전로의 보호 장치의 확실한 동작의 확보
  (2) 이상 전압의 억제
  (3) 대지전압의 저하

정답　50 ④　51 ④　52 ③

53 **변전소에 고압용 기계기구를 시가지 내에 사람이 쉽게 접촉할 우려가 없도록 시설하는 경우 지표상 몇 [m] 이상의 높이에 시설하여야 하는가? (단, 고압용 기계기구에 부속하는 전선으로는 케이블을 사용한다.)**

① 4 ② 4.5 ③ 5 ④ 5.5

해설

기계기구의 지표상 높이

1) 고압
   (1) 시가지 외 : 4[m] 이상
   (2) 시가지 : 4.5[m] 이상
2) 특고압 : 5[m] 이상

54 **다음에서 고압용 기계기구를 시설하여서는 안 되는 경우는?**

① 발전소, 변전소, 개폐소 또는 이에 준하는 곳에 시설하는 경우
② 시가지 외로서 지표상 3[m]인 경우
③ 공장 등의 구내에서 기계기구의 주위에 사람이 쉽게 접촉할 우려가 없도록 적당한 울타리를 설치하는 경우
④ 옥내에 설치한 기계기구를 취급자 이외의 사람이 출입할 수 없도록 설치한 곳에 시설하는 경우

해설

기계기구의 지표상 높이

• 고압
  (1) 시가지 외 : 4[m] 이상 (2) 시가지 : 4.5[m] 이상

55 **농촌지역에서 고압 가공전선로에 접속되는 배전용 변압기를 시설하는 경우, 지표상의 높이는 몇 [m] 이상이어야 하는가?**

① 3.5 ② 4 ③ 4.5 ④ 5

해설

기계기구의 지표상 높이

• 고압
  (1) 시가지 외 : 4[m] 이상 (2) 시가지 : 4.5[m] 이상

정답 53 ② 54 ② 55 ②

56 **고압 가공전선로에 사용하는 가공지선에는 지름 몇 [mm] 이상의 나경동선 또는 이와 동등 이상의 세기 굵기 및 나전선을 사용하는가?**

① 2.6　② 3.5　③ 3.8　④ 4

해설

가공지선

고압 : 인장강도 5.26[kN] 이상의 것 또는 지름 4[mm] 이상의 나경동선

57 **특고압 가공전선로에 사용되는 가공지선은 인장강도 8.01[kN] 이상의 것 또는 지름 몇 [mm] 이상의 나경동선이어야만 하는가?**

① 2.6　② 3.2　③ 4　④ 5

해설

가공지선

(1) 고압 : 인장강도 5.26[kN] 이상의 것 또는 지름 4[mm] 이상의 나경동선
(2) 특고압 : 가공지선에는 인장강도 8.01[kN] 이상의 나선 지름 5[mm] 이상

58 **특고압 전선로에 접속하는 배전용 변압기의 1, 2차의 전압은?**

① 1차 : 35,000[V] 이하, 2차 : 저압 또는 고압
② 1차 : 35,000[V] 이하, 2차 : 특고압 또는 고압
③ 1차 : 50,000[V] 이하, 2차 : 저압 또는 고압
④ 1차 : 50,000[V] 이하, 2차 : 특고압 또는 고압

해설

특고압 배전용 변압기의 시설

(1) 변압기의 1차 전압은 35[kV] 이하, 2차 전압은 저압 또는 고압일 것
(2) 변압기의 특고압측에 개폐기 및 과전류 차단기를 시설할 것

59 **특고압 배전용 변압기의 특고압측에 반드시 시설하여야 하는 것은?**

① 변성기 및 변류기　② 변류기 및 조상기
③ 개폐기 및 리액터　④ 개폐기 및 과전류 차단기

해설

특고압 배전용 변압기의 시설

(1) 변압기의 1차 전압은 35[kV] 이하, 2차 전압은 저압 또는 고압일 것
(2) 변압기의 특고압측에 개폐기 및 과전류 차단기를 시설할 것

정답 56 ④　57 ④　58 ①　59 ④

60 **고압용 차단기 등의 동작 시에 아크가 발생하는 기구는 목재의 벽 또는 천장 등 가연성 구조물 등으로부터 몇 [m] 이상 이격하여 시설하여야 하는가?**

① 1 ② 1.5 ③ 2 ④ 2.5

해설

아크를 발생하는 기구의 시설

고압용 또는 특고압용의 개폐기·차단기·피뢰기 기타 이와 유사한 기구로서 동작 시에 아크가 생기는 것은 목재의 벽 또는 천장 기타의 가연성 물체로부터 표에서 정한 값 이상 이격하여 시설하여야 한다.

기구	이격거리
고압용	1[m] 이상
특고압용	2[m] 이상

61 **고주파 이용 설비에 누설되는 고주파 전류의 허용값 [dB]은?**

① 20 ② −20 ③ −30 ④ 30

해설

고주파 이용 전기설비의 장해방지

고주파 이용 전기설비에서 다른 고주파 이용 전기설비에 누설되는 고주파 전류의 허용한도는 아래 그림과 같이 측정 장치 또는 이에 준하는 측정 장치로 2회 이상 연속하여 10분간 정하였을 때에 각각 측정값의 최댓값에 대한 평균값이 −30[dB]일 것

62 **고압용 또는 특고압용의 개폐기로서 부하전류 차단용이 아닌 개폐기에 대하여 부하전류가 통하고 있을 때 개로할 수 없도록 시설조치를 반드시 취하여야 하는 경우는?**

① 터블렛 등을 사용함으로써 부하전류가 통하고 있을 때에 개로 조작을 방지하기 위한 조치를 하는 경우
② 부하설비에 무정전 전원장치를 시설하는 경우
③ 전화기 또는 기타의 지령 장치를 하는 경우
④ 개폐기를 조작하는 곳의 보기 쉬운 위치에 부하전류의 유무를 표시하는 장치를 하는 경우

해설

고압용 또는 특고압용의 개폐기로서 부하전류를 차단하기 위한 것이 아닌 개폐기는 부하전류가 통하고 있을 경우에는 개로할 수 없도록 시설하여야 한다. 다만 다음의 경우 그러하지 아니하다.

(1) 부하전류의 유무를 표시한 장치
(2) 전화기 기타의 지령 장치
(3) 터블렛 등을 사용

정답 60 ① 61 ③ 62 ②

63 **저압용의 개별 기계기구에 전기를 공급하는 전로 또는 개별 기계기구에 전기용품안전관리법의 적용을 받는 인체 감전 보호용 누전차단기를 시설하면 외함의 접지를 생략할 수 있다. 이 경우의 누전차단기의 정격이 기술기준에 적합한 것은?**

① 정격감도전류 15[mA] 이하, 동작시간 0.1초 이하의 전류 동작형
② 정격감도전류 15[mA] 이하, 동작시간 0.2초 이하의 전류 동작형
③ 정격감도전류 30[mA] 이하, 동작시간 0.1초 이하의 전류 동작형
④ 정격감도전류 30[mA] 이하, 동작시간 0.03초 이하의 전류 동작형

해설

기계기구의 외함의 접지 생략조건
물기 있는 장소 이외의 장소에 시설하는 저압용의 개별 기계기구에 전기를 공급하는 전로에 「전기용품 및 생활용품 안전관리법」의 적용을 받는 인체감전보호용 누전차단기(정격감도전류가 30[mA] 이하, 동작시간이 0.03초 이하의 전류동작형에 한함)를 시설하는 경우

64 **전로에 시설하는 기계기구의 철대 및 금속제 외함에는 접지공사를 하여야 하나 그렇지 않은 경우가 있다. 접지공사를 하지 않아도 되는 경우에 해당되는 것은?**

① 철대 또는 외함의 주위에 적당한 절연대를 설치하는 경우
② 사용전압이 직류 300[V]인 기계기구를 습한 곳에 시설하는 경우
③ 교류 대지전압이 300[V]인 기계기구를 건조한 곳에 시설하는 경우
④ 저압용의 기계기구를 사용하는 전로에 지기가 생겼을 때 그 전로를 자동적으로 차단하는 장치가 없는 경우

해설

기계기구의 외함의 접지 생략조건
(1) 사용전압이 직류 300[V] 또는 교류 대지전압이 150[V] 이하인 기계기구를 건조한 곳에 시설하는 경우
(2) 기계기구를 건조한 목재의 마루 또는 위 기타 이와 유사한 절연성 물건 위에서 취급하도록 시설하는 경우
(3) 철대 또는 외함의 주위에 적당한 절연대를 설치하는 경우
(4) 전기용품 및 생활용품 안전관리법의 적용을 받는 2중 절연구조로 되어 있는 기계기구를 시설하는 경우
(5) 저압용 기계기구에 전기를 공급하는 전로의 전원측에 절연변압기(2차 전압이 300[V] 이하이며, 정격용량이 3[kVA] 이하인 것에 한함)를 시설하고 또한 그 절연변압기의 부하측 전로를 접지하지 않은 경우
(6) 물기 있는 장소 이외의 장소에 시설하는 저압용의 개별 기계기구에 전기를 공급하는 전로에 「전기용품 및 생활용품 안전관리법」의 적용을 받는 인체감전보호용 누전차단기(정격감도전류가 30[mA] 이하, 동작시간이 0.03초 이하의 전류동작형에 한함)를 시설하는 경우

정답 63 ④ 64 ①

65 **전로에 시설하는 기계기구 중에서 외함 접지공사를 생략할 수 없는 경우는?**

① 380[V]의 전동기를 건조한 목재의 마루 위에 취급하도록 시설하는 경우
② 철대 또는 외함의 주위에 적당한 절연대를 설치하는 경우
③ 220[V]의 모발 건조기를 2중 절연하여 시설하는 경우
④ 정격감도전류 100[mA], 동작시간이 0.5초인 전류동작형 인체감전 보호용 누전차단기를 시설하는 경우

해설

기계기구의 외함의 접지 생략조건
물기 있는 장소 이외의 장소에 시설하는 저압용의 개별 기계기구에 전기를 공급하는 전로에 「전기용품 및 생활용품 안전관리법」의 적용을 받는 인체감전보호용 누전차단기(정격감도전류가 30[mA] 이하, 동작시간이 0.03초 이하의 전류동작형에 한함)를 시설하는 경우

66 **다음 중 SELV와 PEVL를 적용한 특별저압 계통의 교류 전압의 한계값은?**

① 30
② 40
③ 50
④ 120

해설

SELV와 PELV를 적용한 특별저압에 의한 보호
특별저압 계통의 전압한계는 교류 50[V] 이하, 직류 120[V] 이하이어야 한다.

67 **SELV회로와 PELV회로는 공칭전압이 교류와 직류는 각각 몇 [V]를 초과하지 않으면 기본보호를 하지 않아도 되는가?**

① 교류 : 12, 직류 : 30
② 교류 : 24, 직류 : 36
③ 교류 : 25, 직류 : 40
④ 교류 : 30, 직류 : 12

해설

SELV와 PELV를 적용한 특별저압에 의한 보호
SELV 또는 PELV 계통의 공칭전압이 교류 12[V] 또는 직류 30[V]를 초과하지 않는 경우에는 기본보호를 하지 않아도 된다.

정답 65 ④ 66 ③ 67 ①

68 과부하 보호장치는 어떤 곳에 설치하여야만 하는가?

① 전동기측 ② 전원측 ③ 접지측 ④ 분기점

해설

과부하 보호장치의 설치위치

과부하 보호장치는 전로 중 도체의 단면적, 특성, 설치방법, 구성의 변경으로 도체의 허용전류 값이 줄어드는 곳(이하 분기점이라 함)에 설치해야 한다.

69 과전류 차단기로 사용되는 4[A] 이하의 저압용 퓨즈는 불용단 전류가 몇 배의 전류가 되는가?

① 1.1 ② 1.25 ③ 1.3 ④ 1.5

해설

저압용 퓨즈

정격전류의 구분	시간	정격전류의 배수	
		불용단전류	용단전류
4[A] 이하	60분	1.5배	2.1배
4[A] 초과 16[A] 미만	60분	1.5배	1.9배
16[A] 이상 63[A] 이하	60분	1.25배	1.6배
63[A] 초과 160[A] 이하	120분	1.25배	1.6배
160[A] 초과 400[A] 이하	180분	1.25배	1.6배
400[A] 초과	240분	1.25배	1.6배

70 산업용 배선용 차단기의 과전류 트립 동작 시간의 경우 63[A]를 초과하는 경우 동작전류는 몇 배가 되는가?

① 1.3 ② 1.5 ③ 1.7 ④ 2

해설

산업용 배선용 차단기

정격전류의 구분	시간	정격전류의 배수(모든 극에 통전)	
		부동작 전류	동작 전류
63[A] 이하	60분	1.05배	1.3배
63[A] 초과	120분	1.05배	1.3배

정답 68 ④ 69 ④ 70 ①

71 **주택용 배선용 차단기의 과전류트립 동작시간 특성 중 63[A] 이하의 경우 부동작 전류는 몇 배의 전류가 되는가?**

① 1배 ② 1.1배 ③ 1.13배 ④ 1.3배

해설

주택용 배선용 차단기

정격전류의 구분	시간	정격전류의 배수(모든 극에 통전)	
		부동작 전류	동작 전류
63[A] 이하	60분	1.13배	1.45배
63[A] 초과	120분	1.13배	1.45배

72 **옥내에 시설하는 전동기에는 과부하 보호장치를 시설하여야 하는데, 단상 전동기인 경우에 전원측 전로에 시설하는 과전류 차단기의 정격전류가 몇 [A] 이하이면 과부하 보호장치를 시설하지 않아도 되는가?**

① 16 ② 20 ③ 30 ④ 50

해설

전동기 과부하 보호장치 생략조건

(1) 옥내에 시설하는 전동기(정격 출력이 0.2[kW] 이하인 것을 제외한다. 이하 이 조에서 같다)에는 전동기가 손상될 우려가 있는 과전류가 생겼을 때에 자동적으로 이를 저지하거나 이를 경보하는 장치를 하여야 한다. 다만, 다음의 어느 하나에 해당하는 경우에는 그러하지 아니하다.

(2) 단상전동기로서 그 전원측 전로에 시설하는 과전류 차단기의 정격전류가 16[A](배선용 차단기는 20[A] 이하인 경우

73 **전원측 전로에 시설한 배선용 차단기의 정격 전류가 몇 [A] 이하의 것이면 이 전로에 접속하는 단상 전동기에 과부하 보호 장치를 생략할 수 있는가?**

① 15 ② 20 ③ 30 ④ 50

해설

전동기 과부하 보호장치 생략조건

(1) 옥내에 시설하는 전동기(정격 출력이 0.2[kW] 이하인 것을 제외한다. 이하 이 조에서 같다)에는 전동기가 손상될 우려가 있는 과전류가 생겼을 때에 자동적으로 이를 저지하거나 이를 경보하는 장치를 하여야 한다. 다만, 다음의 어느 하나에 해당하는 경우에는 그러하지 아니하다.

(2) 단상전동기로서 그 전원측 전로에 시설하는 과전류 차단기의 정격전류가 16[A](배선용 차단기는 20[A]) 이하인 경우

정답 71 ③ 72 ① 73 ②

74 **과전류 차단기로 시설하는 퓨즈 중 고압전로에 사용하는 포장 퓨즈는 정격 전류의 몇 배의 전류에 견디어야 하는가?**

① 1.1 ② 1.3
③ 1.5 ④ 2.0

해설

고압용 퓨즈
(1) 포장형 퓨즈 : 정격전류에 1.3배 견디고 2배의 전류로 120분 이내 용단
(2) 비포장형 퓨즈 : 정격전류에 1.25배 견디고 2배의 전류로 2분 이내 용단

75 **과전류 차단기로 시설하는 퓨즈 중 고압전로에 사용하는 포장 퓨즈는 정격 전류의 2배의 전류로 몇 분 안에 용단되어야 하는가?**

① 60 ② 120
③ 180 ④ 200

해설

고압용 퓨즈
(1) 포장형 퓨즈 : 정격전류에 1.3배 견디고 2배의 전류로 120분 이내 용단
(2) 비포장형 퓨즈 : 정격전류에 1.25배 견디고 2배의 전류로 2분 이내 용단

76 **과전류 차단기로 시설하는 퓨즈 중 고압전로에 사용하는 비포장 퓨즈의 특성에 해당되는 것은?**

① 정격전류의 1.25배의 전류에 견디고, 2배의 전류로 120분 안에 용단되는 것이어야 한다.
② 정격전류의 1.1배의 전류에 견디고, 2배의 전류로 120분 안에 용단되는 것이어야 한다.
③ 정격전류의 1.25배의 전류에 견디고, 2배의 전류로 2분 안에 용단되는 것이어야 한다.
④ 정격전류의 1.1배의 전류에 견디고, 2배의 전류로 2분 안에 용단되는 것이어야 한다.

해설

고압용 퓨즈
(1) 포장형 퓨즈 : 정격전류에 1.3배 견디고 2배의 전류로 120분 이내 용단
(2) 비포장형 퓨즈 : 정격전류에 1.25배 견디고 2배의 전류로 2분 이내 용단

정답 74 ② 75 ② 76 ③

77 **과전류 차단기를 시설하여도 되는 경우는?**

① 저항기·리액터 등을 사용하여 접지공사를 한 때에 과전류 차단기의 동작에 의하여 그 접지선이 비접지 상태로 되지 않는 경우
② 접지공사의 접지선의 경우
③ 다선식 전로의 중성선의 경우
④ 전로의 일부에 접지공사를 한 저압가공선로의 접지측 전선의 경우

해설

과전류 차단기 시설 제한장소
(1) 접지공사의 접지도체
(2) 다선식 전로의 중성선
(3) 전로의 일부에 접지공사를 한 저압 가공전선로의 접지측 전선

78 **다음 중 어느 장소에 과전류 차단기를 설치하지 않는가?**

① 직접 접지계통에 설치한 변압기의 접지선
② 역률 조정용 고압 병렬콘덴서 뱅크의 분기선
③ 고압 배전선로 인출장소
④ 수용가의 인입선 부분

해설

과전류 차단기 시설 제한장소
(1) 접지공사의 접지도체
(2) 다선식 전로의 중성선
(3) 전로의 일부에 접지공사를 한 저압 가공전선로의 접지측 전선

79 **고압 및 특고압 가공전선로로부터 공급을 받는 수용장소의 인입구에 반드시 시설하여야 하는 것은?**

① 댐퍼 ② 아킹혼 ③ 조상기 ④ 피뢰기

해설

피뢰기의 시설
• 시설장소
(1) 발전소, 변전소 또는 이에 준하는 장소의 가공전선 인입구 및 인출구
(2) 고압 및 특고압 가공전선로로부터 공급을 받는 수용장소의 인입구
(3) 가공전선로와 지중전선로의 접속점
(4) 특고압 가공전선로에 접속하는 배전용 변압기의 고압 및 특고압측

정답 77 ① 78 ① 79 ④

80 다음 중 피뢰기를 설치하지 않아도 되는 곳은?

① 발전기 · 변전소의 가공전선 인입구 및 인출구
② 가공전선로의 말구 부분
③ 가공전선로에 접속한 1차측 전압이 35[kV] 이하인 배전용 변압기의 고압측 및 특고압측
④ 고압 및 특고압 가공전선로로부터 공급을 받는 수용장소의 인입구

해설

피뢰기의 시설

- 시설장소
  (1) 발전소, 변전소 또는 이에 준하는 장소의 가공전선 인입구 및 인출구
  (2) 고압 및 특고압 가공전선로로부터 공급을 받는 수용장소의 인입구
  (3) 가공전선로와 지중전선로의 접속점
  (4) 특고압 가공전선로에 접속하는 배전용 변압기의 고압 및 특고압측

81 피뢰기를 반드시 시설하여야 할 곳은?

① 전기 수용장소 내의 차단기 2차측
② 가공전선로와 지중전선로가 접속되는 곳
③ 수전용 변압기의 2차측
④ 경간이 긴 가공전선

해설

피뢰기의 시설

- 시설장소
  (1) 발전소, 변전소 또는 이에 준하는 장소의 가공전선 인입구 및 인출구
  (2) 고압 및 특고압 가공전선로로부터 공급을 받는 수용장소의 인입구
  (3) 가공전선로와 지중전선로의 접속점
  (4) 특고압 가공전선로에 접속하는 배전용 변압기의 고압 및 특고압측

82 피뢰기를 접지공사할 때 그 접지저항 값은 몇 [Ω] 이하이어야 하는가?

① 3　　② 5　　③ 7　　④ 10

해설

피뢰기의 시설

접지저항 : 10[Ω] 이하

정답 80 ② 81 ② 82 ④

83 최대 사용전압이 1차 22,000[V], 2차 6,600[V]의 권선으로 중성점 비접지식 전로에 접속하는 변압기의 특고압 측 절연내력 시험전압은?

① 24,000[V]
② 27,500[V]
③ 33,000[V]
④ 44,000[V]

해설

절연내력 시험전압

비접지의 경우 7[kV] 초과 시 1.25배

따라서 $22{,}000 \times 1.25 = 27{,}500$[V]

84 돌침, 수평도체, 메시도체의 요소 중에서 한 가지 또는 이를 조합한 형식으로 시설하는 것은?

① 접지극시스템
② 수뢰부시스템
③ 내부피뢰시스템
④ 인하도선시스템

해설

수뢰부시스템의 선정

(1) 돌침방식

(2) 수평도체 방식

(3) 메시도체 방식

85 전기철도의 설비를 보호하기 위해 시설하는 피뢰기의 시설기준으로 틀린 것은?

① 피뢰기는 변전소 인입측 및 급전선 인출측에 설치하여야 한다.

② 피뢰기는 가능한 한 보호하는 기기와 가깝게 시설하되 누설전류 측정이 용이하도록 지지대와 절연하여 설치한다.

③ 피뢰기는 개방형을 사용하고 유효 보호거리를 증가시키기 위하여 방전개시전압 및 제한전압이 낮은 것을 사용한다.

④ 피뢰기는 가공전선과 직접 접속하는 지중케이블에서 낙뢰에 의해 절연파괴의 우려가 있는 케이블 단말에 설치하여야 한다.

해설

전기철도의 설비를 보호하기 위한 피뢰기의 시설기준

피뢰기는 밀폐형을 사용하여야 한다.

정답 83 ② 84 ② 85 ③

chapter

02

발전소, 변전소, 개폐소 등의 전기설비

CHAPTER 02

발전소, 변전소, 개폐소 등의 전기설비

01 발전소 등의 울타리 · 담 등의 시설

고압 또는 특고압의 기계기구 · 모선 등을 옥외에 시설하는 발전소 · 변전소 · 개폐소 또는 이에 준하는 곳에는 다음에 따라 구내에 취급자 이외의 사람이 들어가지 아니하도록 시설하여야 한다. 다만, 토지의 상황에 의하여 사람이 들어갈 우려가 없는 곳은 그러하지 아니하다.

(1) 울타리 · 담 등을 시설할 것

(2) 출입구에는 출입금지의 표시를 할 것

(3) 출입구에는 자물쇠장치 기타 적당한 장치를 할 것

(4) 울타리 · 담 등은 다음에 따라 시설하여야 한다.

① 울타리 · 담 등의 높이는 2[m] 이상으로 하고 지표면과 울타리 · 담 등의 하단 사이의 간격은 0.15[m] 이하로 할 것

② 울타리 · 담 등과 고압 및 특고압의 충전 부분이 접근하는 경우에는 울타리 · 담 등의 높이와 울타리 · 담 등으로부터 충전부분까지 거리의 합계는 다음 표에 의한다.

사용전압의 구분	울타리 · 담 등의 높이와 울타리 · 담 등으로부터 충전부분까지의 거리의 합계
35[kV] 이하	5[m]
35[kV] 초과 160[kV] 이하	6[m]
160[kV] 초과	$6 + (x - 16) \times 0.12$[m] (단, 괄호 부분의 값은 절상한다.)

(5) 고압 또는 특고압 가공전선(전선에 케이블을 사용하는 경우는 제외함)과 금속제의 울타리 · 담 등이 교차하는 경우에 금속제의 울타리 · 담 등에는 교차점과 좌, 우로 45[m] 이내의 개소에 접지공사의 시설기준에 의해 접지한다.

02 특고압전로의 상 및 접속 상태의 표시

(1) 발전소 · 변전소 또는 이에 준하는 곳의 특고압전로에는 그의 보기 쉬운 곳에 상별 표시를 하여야 한다.

(2) 발전소 · 변전소 또는 이에 준하는 곳의 특고압전로에 대하여는 그 접속 상태를 모의모선으로 표시하여야 한다. 단, 단모선 2회선의 경우 제외한다.

03 발전기등의 보호장치

발전기에는 다음의 경우 자동적으로 이를 전로로부터 차단하는 장치를 시설하여야 한다.

(1) 발전기에 과전류나 과전압이 생긴 경우

(2) 용량이 100[kVA] 이상의 발전기를 구동하는 풍차(風車)의 압유장치의 유압, 압축 공기장치의 공기압 또는 전동식 브레이드 제어장치의 전원전압이 현저히 저하한 경우

(3) 용량이 500[kVA] 이상의 발전기를 구동하는 수차의 압유 장치의 유압 또는 전동식 가이드밴 제어장치, 전동식 니이들 제어장치 또는 전동식 디플렉터 제어장치의 전원전압이 현저히 저하한 경우

(4) 용량이 2,000[kVA] 이상인 수차발전기의 스러스트 베어링 온도가 현저히 상승하는 경우

(5) 용량이 10,000[kVA] 이상인 발전기의 내부에 고장이 생긴 경우

(6) 정격출력이 10,000[kW]를 초과하는 증기터빈은 그 스러스트 베어링이 현저하게 마모되거나 그의 온도가 현저히 상승한 경우

04 특고압용 변압기의 보호장치

특고압용의 변압기에는 그 내부에 고장이 생겼을 경우에 보호하는 장치를 표와 같이 시설하여야 한다.

뱅크용량의 구분	동작조건	장치의 종류
5,000[kVA] 이상 10,000[kVA] 미만	변압기내부고장	자동차단장치 또는 경보장치
10,000[kVA] 이상	변압기내부고장	자동차단장치
타냉식변압기(변압기의 권선 및 철심을 직접 냉각시키기 위하여 봉입한 냉매를 강제 순환시키는 냉각 방식을 말한다)	냉각장치에 고장이 생긴 경우 또는 변압기의 온도가 현저히 상승한 경우	경보장치

05 무효전력 보상장치의 보호장치

무효전력 보상장치 내부에 고장이 생긴 경우에 보호하는 장치를 다음 표와 같이 시설하여야 한다.

설비종별	뱅크용량의 구분	자동적으로 전로로부터 차단하는 장치
전력용 커패시터 및 분로리액터	500[kVA] 초과 15,000[kVA] 미만	내부에 고장이 생긴 경우 과전류가 생긴 경우
	15,000[kVA] 이상	내부에 고장이 생긴 경우 과전류가 생긴 경우에 동작하는 장치 과전압이 생긴 경우에 동작하는 장치
조상기	15,000[kVA] 이상	내부에 고장이 생긴 경우

06 계측장치

(1) 발전소

발전소에서는 다음의 사항을 계측하는 장치를 시설하여야 한다.

① 발전기・연료전지 또는 태양전지 모듈(복수의 태양전지 모듈을 설치하는 경우에는 그 집합체)의 전압 및 전류 또는 전력

② 발전기의 베어링(수중 메탈을 제외한다) 및 고정자의 온도

③ 주요 변압기의 전압 및 전류 또는 전력

④ 특고압용 변압기의 온도

(2) 변전소

① 주요 변압기의 전압 및 전류 또는 전력

② 특고압용 변압기의 온도

(3) 동기조상기

동기조상기를 시설하는 경우에는 다음의 사항을 계측하는 장치 및 동기검정장치를 시설하여야 한다. 다만, 동기조상기의 용량이 전력계통의 용량과 비교하여 현저히 적은 경우에는 동기검정장치를 시설하지 아니할 수 있다.

① 동기조상기의 전압 및 전류 또는 전력

② 동기조상기의 베어링 및 고정자의 온도

07 발전기 등의 기계적 강도

발전기・변압기・조상기・계기용변성기・모선 및 이를 지지하는 애자는 단락전류에 의하여 생기는 기계적 충격에 견디는 것이어야 한다.

08 수소냉각식 발전기 등의 시설

수소냉각식의 발전기 혹은 조상설비 또는 이에 부속하는 수소냉각장치는 다음에 따라 시설하여야 한다.

(1) 구조는 수소의 누설 또는 공기의 혼입 우려가 없는 것일 것

(2) 발전기, 조상설비, 수소를 통하는 관, 밸브 등은 수소가 대기압에서 폭발하는 경우에 생기는 압력에 견디는 강도를 갖는 것일 것

(3) 발전기축의 밀봉부로부터 수소가 누설될 때 누설을 정지시키거나 또는 누설된 수소를 안전하게 외부로 방출할 수 있는 것일 것

(4) 발전기 또는 조상설비 안으로 수소의 도입 및 발전기 또는 조상설비 밖으로 수소의 방출이 안전하게 될 수 있는 것일 것

(5) 이상을 조기에 검지하여 경보하는 기능이 있을 것

(6) 수소 내부의 순도가 85[%] 이하 시 경보장치 시설

09 압축공기계통 및 SF_6 가스취급설비

(1) 압축공기계통

발전소 · 변전소 · 개폐소 또는 이에 준하는 곳에서 개폐기 또는 차단기에 사용하는 압축공기장치는 다음에 따라 시설하여야 한다.

① 최고사용압력의 1.5배의 수압(수압을 연속하여 10분간 가하여 시험을 하기 어려울 때에는 최고사용압력의 1.25배의 기압)을 연속하여 10분간 가하여 시험하였을 때에 이에 견디고 또한 새지 아니하는 것일 것

② 사용 압력에서 공기의 보급이 없는 상태로 개폐기 또는 차단기의 투입 및 차단을 연속하여 1회 이상 할 수 있는 용량을 가지는 것일 것

③ 주 공기탱크 또는 이에 근접한 곳에는 사용압력의 1.5배 이상 3배 이하의 최고 눈금이 있는 압력계를 시설할 것

(2) SF_6 가스취급설비

발전소 · 변전소 · 개폐소 또는 이에 준하는 곳에 시설하는 가스 절연기기는 다음에 따라 시설하여야 한다.

① 최고사용압력의 1.5배의 수압(수압을 연속하여 10분간 가하여 시험을 하기 어려울 때에는 최고사용압력의 1.25배의 기압)을 연속하여 10분간 가하여 시험하였을 때에 이에 견디고 또한 새지 아니하는 것일 것

10 절연유

(1) 사용전압이 100[kV] 이상의 변압기를 설치하는 곳에는 절연유의 구외 유출 및 지하침투를 방지하기 위하여 다음에 따라 절연유 유출 방지설비를 하여야 한다.

(2) 절연유 유출방지설비의 용량은 변압기 탱크 내장유량의 50[%] 이상으로 할 것

CHAPTER 02 출제예상문제

01 **“고압 또는 특고압의 기계기구, 모선 등을 옥외에 시설하는 발전소, 개폐소 또는 이에 준하는 곳에 시설하는 울타리, 담 등의 높이는 (A)[m] 이상으로 하고, 지표면과 울타리, 담 등의 하단 사이의 간격은 (B)[cm] 이하로 하여야 한다.”에서 A, B에 알맞은 것은?**

① A : 3, B : 15
② A : 2, B : 15
③ A : 3, B : 25
④ A : 2, B : 25

해설

발전소 등의 울타리·담 등의 시설

울타리·담 등의 높이는 2[m] 이상으로 하고 지표면과 울타리·담 등의 하단 사이의 간격은 0.15[m] 이하로 할 것

02 **변전소에서 154[kV], 용량 2,100[kVA] 변압기를 옥외에 시설할 때 취급자 이외의 사람이 들어가지 않도록 시설하는 울타리는 울타리의 높이와 울타리에서 충전부분까지의 거리의 합계를 몇 [m] 이상으로 하여야 하는가?**

① 5
② 5.5
③ 6
④ 6.5

해설

울타리·담 등과 고압 및 특고압의 충전 부분이 접근하는 경우에는 울타리·담 등의 높이와 울타리·담 등으로부터 충전부분까지 거리의 합계

사용전압의 구분	울타리·담 등의 높이와 울타리·담 등으로부터 충전부분까지의 거리의 합계
35[kV] 이하	5[m]
35[kV] 초과 160[kV] 이하	6[m]
160[kV] 초과	$6 + (x-16) \times 0.12$[m] (단, 괄호 부분의 값은 절상한다.)

160[kV] 이하에 해당하므로 6[m] 이상으로 하여야 한다.

정답 01 ② 02 ③

03 22,900/3,300[V]의 변압기를 지상에 설치하는 경우 울타리 · 담 등과 고압 및 특고압의 충전부분이 접근하는 경우에 울타리 · 담 등의 높이와 울타리 · 담 등으로부터 충전부분까지의 거리의 합계는 최소 몇 [m] 이상이어야 하는가?

① 3　② 4　③ 5　④ 6

해설

울타리 · 담 등과 고압 및 특고압의 충전 부분이 접근하는 경우에는 울타리 · 담 등의 높이와 울타리 · 담 등으로부터 충전부분까지 거리의 합계

사용전압의 구분	울타리 · 담 등의 높이와 울타리 · 담 등으로부터 충전부분까지의 거리의 합계
35[kV] 이하	5[m]
35[kV] 초과 160[kV] 이하	6[m]
160[kV] 초과	$6+(x-16)\times 0.12$[m] (단, 괄호 부분의 값은 절상한다.)

35[kV] 이하에 해당하므로 5[m] 이상으로 하여야 한다.

04 사용전압이 175,000[V]인 변전소의 울타리 · 담 등의 높이와 울타리 · 담 등으로부터 충전부분까지의 거리의 합계는 몇 [m] 이상으로 하여야 하는가?

① 3.12　② 4.24　③ 5.12　④ 6.24

해설

울타리 · 담 등과 고압 및 특고압의 충전 부분이 접근하는 경우에는 울타리 · 담 등의 높이와 울타리 · 담 등으로부터 충전부분까지 거리의 합계

160[kV] 초과	$6+(x-16)\times 0.12$[m] (단, 괄호 부분의 값은 절상한다.)

$6+(17.5-16)\times 0.12=6.24$[m] ※ 괄호 ( )는 절상한다.

05 변전소에 울타리 · 담 등을 시설할 때, 사용전압이 345[kV]라면 울타리 · 담 등의 높이와 울타리 · 담 등으로부터 충전 부분까지의 거리의 합계는 몇 [m] 이상으로 하여야 하는가?

① 6.48　② 8.16　③ 8.40　④ 8.28

해설

울타리 · 담 등과 고압 및 특고압의 충전 부분이 접근하는 경우에는 울타리 · 담 등의 높이와 울타리 · 담 등으로부터 충전부분까지 거리의 합계

160[kV] 초과	$6+(x-16)\times 0.12$[m] (단, 괄호 부분의 값은 절상한다.)

$6+(34.5-16)\times 0.12=8.28$[m] ※ 괄호 ( )는 절상한다.

정답 03 ③ 04 ④ 05 ④

06 **고압 가공전선과 금속제의 울타리가 교차하는 경우 울타리에는 교차점에 접지공사를 하여야 한다. 그 접지공사의 방법이 옳은 것은?**

① 좌우로 30[m] 이내의 개소에 한다.
② 좌우로 35[m] 이내의 개소에 한다.
③ 좌우로 40[m] 이내의 개소에 한다.
④ 좌우로 45[m] 이내의 개소에 한다

해설

고압 또는 특고압 가공전선(전선에 케이블을 사용하는 경우는 제외함)과 금속제의 울타리·담 등이 교차하는 경우에 금속제의 울타리·담 등에는 교차점과 좌, 우로 45[m] 이내의 개소에 접지공사의 시설기준에 의해 접지한다.

07 **전로에는 그의 보기 쉬운 곳에 상별 표시를 해야 한다. 기술기준에서 표시의 의무가 없는 곳은?**

① 발전소의 특고압전로　　② 변전소의 특고압전로
③ 수전 설비의 특고압전로　　④ 수전 설비의 고압전로

해설

발전소·변전소 또는 이에 준하는 곳의 특고압전로에는 그의 보기 쉬운 곳에 상별 표시를 하여야 한다.

08 **발·변전소의 특고압전로에서 접속된 상태의 모의모선 등으로 표시하지 않아도 되는 것은?**

① 1회선의 복모선　　② 2회선의 단모선
③ 3회선의 단모선　　④ 3회선의 복모선

해설

발전소·변전소 또는 이에 준하는 곳의 특고압전로에 대하여는 그 접속 상태를 모의모선으로 표시하여야 한다.
단, 단모선 2회선의 경우 제외한다.

정답 06 ④ 07 ④ 08 ②

09 발전기의 용량에 관계없이 자동적으로 이를 전로로부터 차단하는 장치를 시설하여야 하는 경우는?

① 베어링 과열　　② 과전류 인입
③ 유압의 과팽창　　④ 발전기의 내부고장

해설

발전기에는 다음의 경우 자동적으로 이를 전로로부터 차단하는 장치를 시설하여야 한다.
(1) 발전기에 과전류나 과전압이 생긴 경우
(2) 용량이 100[kVA] 이상의 발전기를 구동하는 풍차(風車)의 압유장치의 유압, 압축 공기장치의 공기압 또는 전동식 브레이드 제어장치의 전원전압이 현저히 저하한 경우
(3) 용량이 500[kVA] 이상의 발전기를 구동하는 수차의 압유 장치의 유압 또는 전동식 가이드밴 제어장치, 전동식 니이들 제어장치 또는 전동식 디플렉터 제어장치의 전원전압이 현저히 저하한 경우
(4) 용량이 2,000[kVA] 이상인 수차발전기의 스러스트 베어링 온도가 현저히 상승하는 경우
(5) 용량이 10,000[kVA] 이상인 발전기의 내부에 고장이 생긴 경우
(6) 정격출력이 10,000[kW]를 초과하는 증기터빈은 그 스러스트 베어링이 현저하게 마모되거나 그의 온도가 현저히 상승한 경우

10 발전기를 자동적으로 전로로부터 차단하는 장치를 반드시 시설하여야 하는 경우가 아닌 것은?

① 발전기에 과전류가 생긴 경우
② 용량 2,000[kVA]인 수차 발전기의 스러스트 베어링의 온도가 현저히 상승하는 경우
③ 용량 5,000[kVA]인 발전기의 내부에 고장이 생긴 경우
④ 용량 500[kAV]인 발전기를 구동하는 수차의 압유장치의 유압이 현저히 저하한 경우

해설

발전기에는 다음의 경우 자동적으로 이를 전로로부터 차단하는 장치를 시설하여야 한다.
(1) 발전기에 과전류나 과전압이 생긴 경우
(2) 용량이 100[kVA] 이상의 발전기를 구동하는 풍차(風車)의 압유장치의 유압, 압축 공기장치의 공기압 또는 전동식 브레이드 제어장치의 전원전압이 현저히 저하한 경우
(3) 용량이 500[kVA] 이상의 발전기를 구동하는 수차의 압유 장치의 유압 또는 전동식 가이드밴 제어장치, 전동식 니이들 제어장치 또는 전동식 디플렉터 제어장치의 전원전압이 현저히 저하한 경우
(4) 용량이 2,000[kVA] 이상인 수차발전기의 스러스트 베어링 온도가 현저히 상승하는 경우
(5) 용량이 10,000[kVA] 이상인 발전기의 내부에 고장이 생긴 경우
(6) 정격출력이 10,000[kW]를 초과하는 증기터빈은 그 스러스트 베어링이 현저하게 마모되거나 그의 온도가 현저히 상승한 경우

정답 09 ② 10 ③

11 **증기 터빈의 스러스트 베어링이 현저하게 마모되거나 온도가 현저하게 상승한 경우 그 발전기를 전로로부터 자동차단하는 장치를 시설하는 것은 정격출력이 몇 [kW]를 넘었을 경우인가?**

① 1,000 ② 2,000
③ 5,000 ④ 10,000

해설

발전기에는 다음의 경우 자동적으로 이를 전로로부터 차단하는 장치를 시설하여야 한다.

(1) 발전기에 과전류나 과전압이 생긴 경우
(2) 용량이 100[kVA] 이상의 발전기를 구동하는 풍차(風車)의 압유장치의 유압, 압축 공기장치의 공기압 또는 전동식 브레이드 제어장치의 전원전압이 현저히 저하한 경우
(3) 용량이 500[kVA] 이상의 발전기를 구동하는 수차의 압유 장치의 유압 또는 전동식 가이드밴 제어장치, 전동식 니이들 제어장치 또는 전동식 디플렉터 제어장치의 전원전압이 현저히 저하한 경우
(4) 용량이 2,000[kVA] 이상인 수차발전기의 스러스트 베어링 온도가 현저히 상승하는 경우
(5) 용량이 10,000[kVA] 이상인 발전기의 내부에 고장이 생긴 경우
(6) 정격출력이 10,000[kW]를 초과하는 증기터빈은 그 스러스트 베어링이 현저하게 마모되거나 그의 온도가 현저히 상승한 경우

12 **내부고장이 발생하는 경우 경보장치를 시설할 수 있는 특고압용 변압기의 뱅크 용량의 범위는?**

① 5,000[kVA] 미만
② 5,000[kVA] 이상 10,000[kVA] 미만
③ 10,000[kVA] 이상 15,000[kVA] 미만
④ 15,000[kVA] 이상 20,000[kVA] 미만

해설

특고압용 변압기의 보호장치

특고압용의 변압기에는 그 내부에 고장이 생겼을 경우에 보호하는 장치를 표와 같이 시설하여야 한다.

뱅크용량의 구분	동작조건	장치의 종류
5,000[kVA] 이상 10,000[kVA] 미만	변압기 내부 고장	자동차단장치 또는 경보장치
10,000[kVA] 이상	변압기 내부 고장	자동차단장치

정답 11 ④ 12 ②

13 **특고압용 변압기의 뱅크용량이 몇 [kVA] 이상일 때 내부에 고장이 생긴 경우 전로로부터 자동차단하는 장치를 반드시 시설하여야 하는가?**

① 5,000
② 7,500
③ 10,000
④ 15,000

해설

특고압용 변압기의 보호장치

특고압용의 변압기에는 그 내부에 고장이 생겼을 경우에 보호하는 장치를 표와 같이 시설하여야 한다.

뱅크용량의 구분	동작조건	장치의 종류
5,000[kVA] 이상 10,000[kVA] 미만	변압기 내부 고장	자동차단장치 또는 경보장치
10,000[kVA] 이상	변압기 내부 고장	자동차단장치

14 **타냉식 특고압용 변압기의 냉각장치에 고장이 생긴 경우 보호장치로 가장 적당한 것은?**

① 경보장치
② 자동차단장치
③ 압축공기장치
④ 속도조정장치

해설

특고압용 변압기의 보호장치

뱅크용량의 구분	동작조건	장치의 종류
5,000[kVA] 이상 10,000[kVA] 미만	변압기 내부 고장	자동차단장치 또는 경보장치
10,000[kVA] 이상	변압기 내부 고장	자동차단장치
타냉식 변압기(변압기의 권선 및 철심을 직접 냉각시키기 위하여 봉입한 냉매를 강제 순환시키는 냉각 방식을 말한다)	냉각장치에 고장이 생긴 경우 또는 변압기의 온도가 현저히 상승한 경우	경보장치

정답 13 ③ 14 ①

15 **전로 중에 기계기구 및 전선을 보호하기 위하여 필요한 곳에는 과전류 차단장치가 필요하다. 다만, 콘덴서에 내부에 고장이 생기거나 과전류가 흐르는 경우 자동 차단 장치가 필요한 뱅크 용량은 몇 [kVA]인가?**

① 50
② 100
③ 500
④ 1,000

해설

조상설비의 보호장치

설비종별	뱅크용량의 구분	자동적으로 전로로부터 차단하는 장치
전력용 커패시터 및 분로리액터	500[kVA] 초과 15,000[kVA] 미만	내부에 고장이 생긴 경우 과전류가 생긴 경우
	15,000[kVA] 이상	내부에 고장이 생긴 경우 과전류가 생긴 경우에 동작하는 장치 과전압이 생긴 경우에 동작하는 장치
조상기	15,000[kVA] 이상	내부에 고장이 생긴 경우

16 **뱅크용량이 20,000[kVA]인 전력용 콘덴서에 자동적으로 전로로부터 차단하는 보호장치를 하려고 한다. 반드시 시설하여야 할 보호장치가 아닌 것은?**

① 내부에 고장이 생긴 경우에 동작하는 장치
② 절연유의 압력이 변화할 때 동작하는 장치
③ 과전류가 생긴 경우에 동작하는 장치
④ 과전압이 생긴 경우에 동작하는 장치

해설

조상설비의 보호장치

설비종별	뱅크용량의 구분	자동적으로 전로로부터 차단하는 장치
전력용 커패시터 및 분로리액터	500[kVA] 초과 15,000[kVA] 미만	내부에 고장이 생긴 경우 과전류가 생긴 경우
	15,000[kVA] 이상	내부에 고장이 생긴 경우 과전류가 생긴 경우에 동작하는 장치 과전압이 생긴 경우에 동작하는 장치
조상기	15,000[kVA] 이상	내부에 고장이 생긴 경우

정답 15 ④ 16 ②

17 발·변전소의 주요 변압기에 반드시 시설하지 않아도 되는 계측장치는?

① 역률계　　② 전압계
③ 전력계　　④ 전류계

해설

발·변전소의 주요변압기의 계측장치

발전소에서는 다음의 사항을 계측하는 장치를 시설하여야 한다.

(1) 발전기·연료전지 또는 태양전지 모듈(복수의 태양전지 모듈을 설치하는 경우에는 그 집합체)의 전압 및 전류 또는 전력
(2) 발전기의 베어링(수중 메탈을 제외한다) 및 고정자(固定子)의 온도
(3) 주요 변압기의 전압 및 전류 또는 전력
(4) 특고압용 변압기의 온도

18 발전소에서 계측장치를 시설하지 않아도 되는 것은?

① 발전기 연료전지 또는 태양전지 모듈의 전압 및 전류 또는 전력
② 발전기의 베어링 및 고정자의 온도
③ 특고압 모선의 전압 및 전류 또는 전력
④ 특고압 변압기의 온도

해설

발전소의 계측장치

발전소에서는 다음의 사항을 계측하는 장치를 시설하여야 한다.

(1) 발전기·연료전지 또는 태양전지 모듈(복수의 태양전지 모듈을 설치하는 경우에는 그 집합체)의 전압 및 전류 또는 전력
(2) 발전기의 베어링(수중 메탈을 제외한다) 및 고정자(固定子)의 온도
(3) 주요 변압기의 전압 및 전류 또는 전력
(4) 특고압용 변압기의 온도

19 수소 냉각식 발전기 등의 시설기준으로 옳지 않은 것은?

① 발전기 혹은 조상설비 등의 이상을 조기에 검지하여 경보하는 기능이 있을 것
② 수소의 누설 또는 공기의 혼입 우려가 없는 것일 것
③ 발전기축의 밀봉부로부터 수소가 누설될 때 누설된 수소를 외부로 방출하지 않을 것
④ 수소가 대기압에서 폭발하는 경우에 생기는 압력에 견디는 강도를 가지는 것일 것

정답 17 ① 18 ③ 19 ③

해설

수소냉각식 발전기 등의 시설

수소냉각식의 발전기 혹은 조상설비 또는 이에 부속하는 수소냉각장치는 다음에 따라 시설하여야 한다.

(1) 구조는 수소의 누설 또는 공기의 혼입 우려가 없는 것일 것
(2) 발전기, 조상설비, 수소를 통하는 관, 밸브 등은 수소가 대기압에서 폭발하는 경우에 생기는 압력에 견디는 강도를 갖는 것일 것
(3) 발전기축의 밀봉부로부터 수소가 누설될 때 누설을 정지시키거나 또는 누설된 수소를 안전하게 외부로 방출할 수 있는 것일 것
(4) 발전기 또는 조상설비 안으로 수소의 도입 및 발전기 또는 조상설비 밖으로 수소의 방출이 안전하게 될 수 있는 것일 것
(5) 이상을 조기에 검지하여 경보하는 기능이 있을 것

20 발・변전소에서 차단기에 사용하는 압축공기장치의 공기압축기는 최고 사용압력의 몇 배의 수압을 계속하여 10분간 가하여 시험한 경우 이상이 없어야 하는가?

① 1.25 ② 1.5 ③ 1.75 ④ 2

해설

압축공기계통

발전소・변전소・개폐소 또는 이에 준하는 곳에서 개폐기 또는 차단기에 사용하는 압축공기장치는 다음에 따라 시설하여야 한다.

(1) 최고 사용압력의 1.5배의 수압(수압을 연속하여 10분간 가하여 시험을 하기 어려울 때에는 최고사용압력의 1.25배의 기압)을 연속하여 10분간 가하여 시험하였을 때에 이에 견디고 또한 새지 아니하는 것일 것

21 발・변전소의 차단기에 사용하는 압축공기 탱크는 사용압력에서 공기의 보급 없이 차단기의 투입 및 차단을 연속하여 몇 회 이상 할 수 있는 용량을 가져야 하는가?

① 1회 ② 2회 ③ 3회 ④ 4회

해설

압축공기계통

발전소・변전소・개폐소 또는 이에 준하는 곳에서 개폐기 또는 차단기에 사용하는 압축공기장치는 다음에 따라 시설하여야 한다.

(2) 사용 압력에서 공기의 보급이 없는 상태로 개폐기 또는 차단기의 투입 및 차단을 연속하여 1회 이상 할 수 있는 용량을 가지는 것일 것

정답 20 ② 21 ①

22 발전소의 개폐기 또는 차단기에 사용하는 압축공기장치의 주 공기 탱크에 설치하는 압력계의 최고 눈금은 어떻게 된 것으로 하여야 하는가?

① 사용압력의 1.1배 이상, 2배 이하
② 사용압력의 1.25배 이상, 2배 이하
③ 사용압력의 1.5배 이상, 3배 이하
④ 사용압력의 2배 이상, 3배 이하

해설

압축공기계통

발전소 · 변전소 · 개폐소 또는 이에 준하는 곳에서 개폐기 또는 차단기에 사용하는 압축공기장치는 다음에 따라 시설하여야 한다.

(3) 주 공기탱크 또는 이에 근접한 곳에는 사용압력의 1.5배 이상 3배 이하의 최고 눈금이 있는 압력계를 시설할 것

23 사용전압이 몇 [kV] 이상의 중성점 직접 접지식 전로에 접속하는 변압기를 설치하는 곳에 절연유의 구외 유출 및 지하 침투 방지를 위하여 절연유 유출 방지설비를 하여야 하는가?

① 25 ② 50 ③ 75 ④ 100

해설

절연유

사용전압이 100[kV] 이상의 변압기를 설치하는 곳에는 절연유의 구외 유출 및 지하침투를 방지하기 위하여 다음에 따라 절연유 유출 방지설비를 하여야 한다.

24 변전소에서 오접속을 방지하기 위하여 특고압 전로의 보기 쉬운 곳에 반드시 표시해야 하는 것은?

① 상별표시 ② 위험표시
③ 최대전류 ④ 정격전압

해설

특고압 전로의 상별표시

(1) 특고압 전로에는 상별표시를 하여야 한다.

정답 22 ③ 23 ④ 24 ①

25 **특고압용 변압기의 보호장치인 냉각장치에 고장이 생긴 경우 변압기의 온도가 현저하게 상승한 경우에 이를 경보하는 장치를 반드시 하지 않아도 되는 경우는?**

① 유입 풍냉식　　② 유입 자냉식
③ 송유 풍냉식　　④ 송유 수냉식

해설

변압기 보호장치
타냉식 변압기의 경우 냉각장치 고장 시 경보장치를 시설하여야만 한다. 다만 유입 자냉식의 경우 별도의 냉각장치가 없으므로 필요가 없다.

26 **특고압을 직접 저압으로 변성하는 변압기를 시설하여서는 아니 되는 변압기는?**

① 광산에서 물을 양수하기 위한 양수기용 변압기
② 전기로 등 전류가 큰 전기를 소비하기 위한 변압기
③ 교류식 전기철도용 신호회로에 전기를 공급하기 위한 변압기
④ 발전소・변전소・개폐소 또는 이에 준하는 곳의 소내용 변압기

해설

특고압을 저압으로 변성하는 변압기의 시설기준
(1) 전기로 등 전류가 큰 전기를 소비하기 위한 변압기
(2) 교류식 전기철도용 신호회로에 전기를 공급하기 위한 변압기
(3) 발전소・변전소・개폐소 또는 이에 준하는 곳의 소내용 변압기

27 **발전소, 변전소, 개폐소의 시설부지 조성을 위해 산지를 전용할 경우에 전용하고자 하는 산지의 평균 경사도는 몇 도 이하이어야 하는가?**

① 10　　② 15
③ 20　　④ 25

해설

경사면 25° 이하

정답 25 ③ 26 ① 27 ④

chapter

03

전선로

03 CHAPTER 전선로

01 [풍압하중의 종별과 적용] 가공전선로에 사용하는 지지물의 강도 계산에 적용하는 풍압하중은 다음의 3종으로 한다.

(1) 갑종 풍압하중

표에서 정한 구성재의 수직 투영면적 1[m^2]에 대한 풍압을 기초로 하여 계산한 것

<table>
<tr><th colspan="4">풍압을 받는 구분</th><th>구성재의 수직 투영면적 1[m^2]에 대한 풍압</th></tr>
<tr><td colspan="4">목주</td><td>588[Pa]</td></tr>
<tr><td rowspan="10">지지물</td><td rowspan="4">철주</td><td colspan="2">원형의 것</td><td>588[Pa]</td></tr>
<tr><td colspan="2">삼각형 또는 마름모형의 것</td><td>1,412[Pa]</td></tr>
<tr><td colspan="2">강관에 의하여 구성되는 4각형의 것</td><td>1,117[Pa]</td></tr>
<tr><td colspan="2">기타의 것</td><td>복재(腹材)가 전・후면에 겹치는 경우에는 1,627[Pa], 기타의 경우에는 1,784[Pa]</td></tr>
<tr><td rowspan="2">철근콘크리트주</td><td colspan="2">원형의 것</td><td>588[Pa]</td></tr>
<tr><td colspan="2">기타의 것</td><td>882[Pa]</td></tr>
<tr><td rowspan="4">철탑</td><td rowspan="2">단주(완철류는 제외함)</td><td>원형의 것</td><td>588[Pa]</td></tr>
<tr><td>기타의 것</td><td>1,117[Pa]</td></tr>
<tr><td colspan="2">강관으로 구성되는 것(단주는 제외함)</td><td>1,255[Pa]</td></tr>
<tr><td colspan="2">기타의 것</td><td>2,157[Pa]</td></tr>
<tr><td rowspan="2">전선 기타 가섭선</td><td colspan="3">다도체(구성하는 전선이 2가닥마다 수평으로 배열되고 또한 그 전선 상호 간의 거리가 전선의 바깥지름의 20배 이하인 것에 한함. 이하 같다)를 구성하는 전선</td><td>666[Pa]</td></tr>
<tr><td colspan="3">기타의 것</td><td>745[Pa]</td></tr>
<tr><td colspan="4">애자장치(특고압 전선용의 것에 한함)</td><td>1,039[Pa]</td></tr>
<tr><td colspan="4">목주・철주(원형의 것에 한함) 및 철근콘크리트주의 완금류(특고압 전선로용의 것에 한함)</td><td>단일재로서 사용하는 경우에는 1,196[Pa], 기타의 경우에는 1,627[Pa]</td></tr>
</table>

(2) 을종 풍압하중(갑종 풍압하중의 50[%])

전선 기타의 가섭선(架涉線) 주위에 두께 6[mm], 비중 0.9의 빙설이 부착된 상태에서 수직 투영면적 372[Pa](다도체를 구성하는 전선은 333[Pa])

(3) 병종 풍압하중(갑종 풍압하중의 50[%])

① 인가가 많이 연접되어 있는 장소

가. 저압 또는 고압 가공전선로의 지지물 또는 가섭선

나. 사용전압이 35[kV] 이하의 전선에 특고압 절연전선 또는 케이블을 사용하는 특고압 가공전선로의 지지물, 가섭선 및 특고압 가공전선을 지지하는 애자장치 및 완금류

(4) 풍압하중의 적용

장소	고온계절	저온계절
빙설이 많은 지방	갑종	을종
빙설이 많은 지방 이외	갑종	병종

02 가공전선로 지지물의 기초의 안전율

(1) 지지물의 기초 안전율

가공전선로의 지지물에 하중이 가하여지는 경우에 그 하중을 받는 지지물의 기초의 안전율은 2

(2) 이상 시 상정하중에 대한 철탑의 기초 1.33

① 이상 시 상정하중

철탑의 강도계산에 사용하는 이상 시 상정하중은 풍압이 전선로에 직각방향으로 가하여지는 경우의 하중과 전선로의 방향으로 가하여지는 경우의 하중을 각각 다음에 따라 계산하여 각 부재에 대한 이들의 하중 중 그 부재에 큰 응력이 생기는 쪽의 하중을 채택한다.

② 이상 시 상정하중의 종류

가. 수직하중

나. 수평 횡하중

다. 수평 종하중

(3) 지지물의 매설 깊이

<table>
<tr><th rowspan="2">전장의 길이</th><th colspan="3">설계하중[kN]</th></tr>
<tr><th>6.8 이하</th><th>9.8 이하</th><th>14.72 이하</th></tr>
<tr><td>15[m] 이하</td><td>전장의 길이 $\times \frac{1}{6}$</td><td>전장의 길이 $\times \frac{1}{6}$ + 0.3[m]</td><td>전장의 길이 $\times \frac{1}{6}$ + 0.5[m]</td></tr>
<tr><td>15[m] 초과
(16[m] 이하)</td><td>2.5[m]</td><td rowspan="3">2.8[m]</td><td rowspan="2">3.0[m]</td></tr>
<tr><td>16[m] 초과
(18[m] 이하)</td><td rowspan="2">2.8[m]</td></tr>
<tr><td>18[m] 초과
(20[m] 이하)</td><td>3.2[m]</td></tr>
</table>

03 지선의 시설

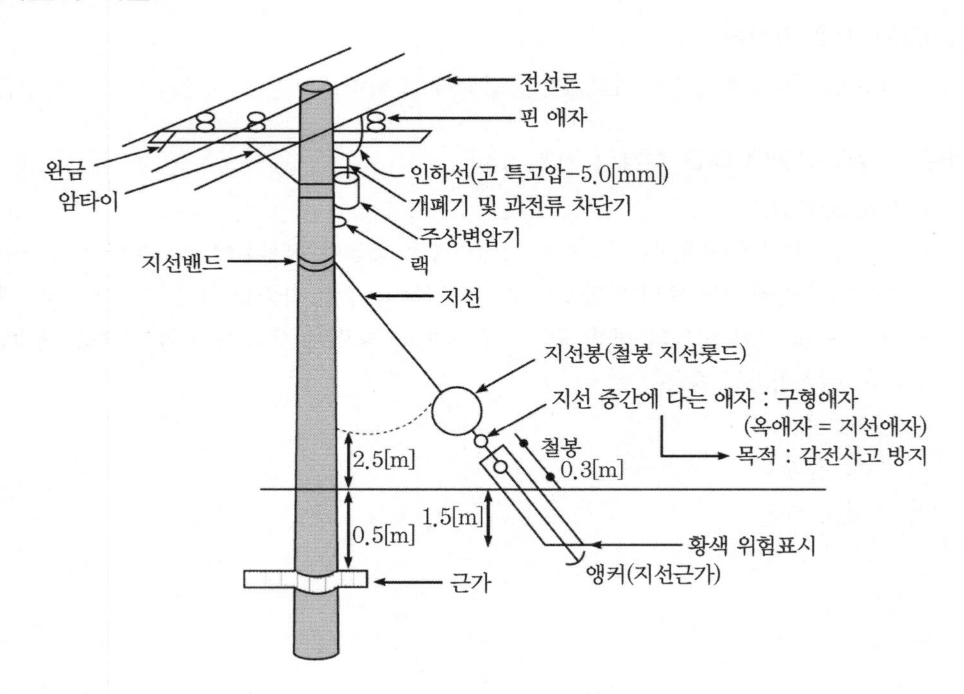

(1) 가공전선로의 지지물로 사용하는 철탑은 지선을 사용하여 그 강도를 분담시켜서는 안 된다.

(2) 지선의 시설기준

① 지선의 안전율은 2.5 이상일 것
② 허용 인장하중의 최저는 4.31[kN]으로 한다.
③ 소선 3가닥 이상의 연선일 것
④ 소선의 지름이 2.6[mm] 이상의 금속선을 사용한 것일 것
⑤ 도로를 횡단하여 시설하는 지선의 높이는 지표상 5[m] 이상으로 하여야 한다. 다만, 기술상 부득이한 경우로서 교통에 지장을 초래할 우려가 없는 경우에는 지표상 4.5[m] 이상

04 유도장해방지

(1) 가공약전류전선로의 유도장해 방지

① 저압 가공전선로(전기철도용 급전선로는 제외한다) 또는 고압 가공전선로(전기철도용 급전선로는 제외한다)와 기설 가공약전류전선로가 병행하는 경우에는 유도작용에 의하여 통신상의 장해가 생기지 않도록 전선과 기설 약전류전선 간의 이격거리는 2[m] 이상이어야 한다.

(2) 특고압 가공전선로의 유도장해 방지

① 사용전압이 60[kV] 이하인 경우에는 전화선로의 길이 12[km]마다 유도전류가 2[μA]를 넘지 아니하도록 할 것
② 사용전압이 60[kV]를 초과하는 경우에는 전화선로의 길이 40[km]마다 유도전류가 3[μA]를 넘지 아니하도록 할 것

05 가공케이블의 시설

(1) 케이블을 사용하는 경우에는 다음에 따라 시설하여야 한다.

① 케이블은 조가용선에 행거로 시설할 것
이 경우에는 사용전압이 고압인 때에는 행거의 간격은 0.5[m] 이하로 하는 것이 좋다.
② 조가용선의 케이블에 접촉시켜 그 위에 쉽게 부식하지 아니하는 금속 테이프 등을 0.2[m] 이하의 간격을 유지

(2) 조가용선의 굵기

인장강도 5.93[kN] 이상의 것 또는 단면적 22[mm^2] 이상인 아연도 강연선일 것

06 가공전선의 굵기 및 종류

(1) 안전율

① 경동선 또는 내열 동합금선은 2.2 이상
② 그 밖의 전선 : 2.5 이상

(2) 전선의 굵기(케이블 제외)

전압	전선의 종류		굵기
400[V] 이하	절연전선 이외		3.43[kN] 이상의 것 또는 지름 3.2[mm] 이상
	절연전선		인장강도 2.3[kN] 이상의 것 또는 지름 2.6[mm] 이상의 경동선
400[V] 초과 저압	시가지외		인장강도 5.26[kN] 이상의 것 또는 지름 4[mm] 이상의 경동선
	시가지		인장강도 8.01[kN] 이상의 것 또는 지름 5[mm] 이상의 경동선
고압			인장강도 8.01[kN] 이상의 것 또는 지름 5[mm] 이상의 경동선
특고압	시가지외		인장강도 8.71[kN] 이상의 연선 또는 단면적이 22[mm^2] 이상의 경동연선
	시가지	100[kV] 미만	인장강도 21.67[kN] 이상의 연선 또는 단면적 55[mm^2] 이상의 경동연선 또는 동등 이상의 인장강도를 갖는 알루미늄 전선이나 절연전선
		100[kV] 이상	인장강도 58.84[kN] 이상의 연선 또는 단면적 150[mm^2] 이상의 경동연선 또는 동등 이상의 인장강도를 갖는 알루미늄 전선이나 절연전선

※ 사용전압이 400[V] 이상인 저압 가공전선에는 인입용 비닐절연전선을 사용하여서는 안 된다.

※ 특고압의 시가지의 경우 170[kV]를 초과 시 240[mm^2] 이상

(3) 가공전선의 지표상 높이

구분	저·고압	특고압(시가지외)	특고압(시가지)
도로횡단	6[m]	6[m]	
철도횡단	6.5[m]	6.5[m]	
횡단 보도교	3.5[m] (단, 절연전선 또는 케이블인 경우 3[m])	35[kV] 이하 4[m] (단, 절연전선, 케이블) 160[kV] 이하 5[m] (단, 케이블)	
이외 장소	지표상 5[m] 이상 (단, 절연전선, 케이블이며 교통의 지장이 없는 경우 4[m] 이상)	35[kV] 이하 5[m] 160[kV] 이하 6[m] (단, 산지의 경우 5[m]) 160[kV] 초과 시 6(5) + $(x-16)\times0.12$[m]	35[kV] 이하 10[m] 이상 (단, 절연전선의 경우 8[m]) 35[kV] 초과 시 10(8) + $(x-3.5)\times0.12$[m]

07 가공전선로의 지지물의 강도

(1) 목주의 풍압하중에 대한 안전율

① 저압 1.2
② 고압 1.3
③ 특고압 1.5

08 가공전선로의 경간 제한

지지물의 종류	경간	장경간
목주, A종 철주 또는 A종 철근콘크리트주	150[m]	고압의 22[mm^2], 또는 특고압 가공전선을 50[mm^2] 이상 교체 시 300[m]
B종 철주 또는 B종 철근콘크리트주	250[m]	고압의 22[mm^2], 또는 특고압 가공전선을 50[mm^2] 이상 교체 시 500[m]
철탑	600[m]	

09 시가지 등에서 특고압 가공전선로의 시설

(1) 특고압 가공전선을 지지하는 애자장치는 다음 중 어느 하나에 의할 것

① 50[%] 충격섬락전압 값이 그 전선의 근접한 다른 부분을 지지하는 애자장치 값의 110[%]
② 사용전압이 130[kV]를 초과하는 경우는 105[%] 이상인 것

(2) 특고압 가공전선로의 경간

지지물의 종류	경간
A종 철주 또는 A종 철근콘크리트주	75[m]
B종 철주 또는 B종 철근콘크리트주	150[m]
철탑	400[m] (단, 전선이 수평으로 2 이상 있는 경우에 전선 상호 간의 간격이 4[m] 미만인 때에는 250[m])

(3) 지지물에는 철주 · 철근콘크리트주 또는 철탑을 사용할 것

(4) 사용전압이 100[kV]를 초과하는 특고압 가공전선에 지락 또는 단락이 생겼을 때에는 1초 이내에 자동적으로 이를 전로로부터 차단하는 장치를 시설할 것(단, 제1종 특고압 보안공사에 의하여 사용전압이 100[kV] 이상인 경우에는 2초 이내에 자동적으로 이것을 전로로부터 차단하는 장치를 시설할 것)

(5) 특고압 가공전선과 지지물 등의 이격거리

특고압 가공전선과 그 지지물·완금류·지주 또는 지선 사이의 이격거리는 표에서 정한 값 이상으로 하여야 한다.

사용전압	이격거리[m]
15[kV] 미만	0.15
15[kV] 이상 25[kV] 미만	0.2
25[kV] 이상 35[kV] 미만	0.25
35[kV] 이상 50[kV] 미만	0.3
50[kV] 이상 60[kV] 미만	0.35
60[kV] 이상 70[kV] 미만	0.4

10 보안공사

(1) 저압보안공사

① 전선의 굵기(케이블인 경우 제외)

가. 400[V] 이하

인장강도 5.26[kN] 이상의 것 또는 지름 4[mm] 이상의 경동선

나. 400[V] 초과

인장강도 8.01[kN] 이상의 것 또는 지름 5[mm] 이상의 경동선

(2) 목주의 안전율

풍압하중에 대한 안전율은 1.5 이상일 것

(3) 고압보안공사

① 전선의 굵기(케이블인 경우 제외)

인장강도 8.01[kN] 이상의 것 또는 지름 5[mm] 이상의 경동선일 것

② 목주의 안전율

목주의 풍압하중에 대한 안전율은 1.5 이상일 것

(4) 특고압보안공사

① 제1종 특고압보안공사

가. 적용기준

35[kV] 초과 400[V] 미만인 특고압 가공전선로가 2차 접근상태로 시설되는 경우

나. 전선의 굵기(케이블인 경우 제외)

사용전압	전선
100[kV] 미만	인장강도 21.67[kN] 이상의 연선 또는 단면적 55[mm^2] 이상의 경동연선 또는 동등 이상의 인장강도를 갖는 알루미늄 전선이나 절연전선
100[kV] 이상 300[kV] 미만	인장강도 58.84[kN] 이상의 연선 또는 단면적 150[mm^2] 이상의 경동연선 또는 동등 이상의 인장강도를 갖는 알루미늄 전선이나 절연전선
300[kV] 이상	인장강도 77.47[kN] 이상의 연선 또는 단면적 200[mm^2] 이상의 경동연선 또는 동등 이상의 인장강도를 갖는 알루미늄 전선이나 절연전선

다. 사용 지지물

전선로의 지지물에는 B종 철주 · B종 철근콘크리트주 또는 철탑을 사용할 것

② 제2종 특고압 보안공사

가. 적용기준

사용전압이 35[kV] 이하인 특고압 가공전선이 건조물과 제2차 접근상태로 시설되는 경우

나. 목주의 안전율

지지물로 사용하는 목주의 풍압하중에 대한 안전율은 2 이상일 것

③ 제3종 특고압 보안공사

가. 적용기준

특고압 가공전선이 건조물과 제1차 접근상태로 시설되는 경우(35[kV] 이하)

④ 보안공사의 경간

보안공사	저 · 고압	제1종 특고압	제2종 특고압	제3종 특고압
목주 및 A종	100[m]	시설불가	100[m]	100[m]
B종	150[m]	150[m]	200[m]	200[m]
철탑	400[m]	400[m]	400[m]	400[m]

⑤ 400[kV] 이상의 특고압 가공전선의 시설

사용전압이 400[kV] 이상의 특고압 가공전선이 건조물과 제2차 접근상태로 있는 경우에는 다음에 따라 시설하여야 하며, 이 경우 이외에는 건조물과 제2차 접근상태로 시설하여서는 아니 된다.

가. 건조물 최상부에서 전계(3.5[kV/m]) 및 자계(83.3[μT])를 초과하지 아니할 것

나. 전선높이가 최저상태일 때 가공전선과 건조물 상부와의 수직거리가 28[m] 이상일 것

11 특고압 가공전선로의 철주 · 철근콘크리트주 또는 철탑의 종류

특고압 가공전선로의 지지물로 사용하는 B종 철근 · B종 콘크리트주 또는 철탑의 종류는 다음과 같다.

(1) 직선형

전선로의 직선부분(3도 이하인 수평각도를 이루는 곳을 포함한다)

(2) 각도형

전선로 중 3도를 초과하는 수평각도를 이루는 곳에 사용하는 것

(3) 인류형

전가섭선을 인류하는 곳에 사용하는 것

(4) 내장형

전선로의 지지물 양쪽의 경간의 차가 큰 곳에 사용하는 것(직선형 철탑이 연속하여 10기 이상 시 10기 이하마다 내장형 철탑을 1기씩 건설)

(5) 보강형

전선로의 직선부분에 그 보강을 위하여 사용하는 것

12 가공전선과 건조물과의 이격거리

(1) 가공전선과 건조물과의 이격거리

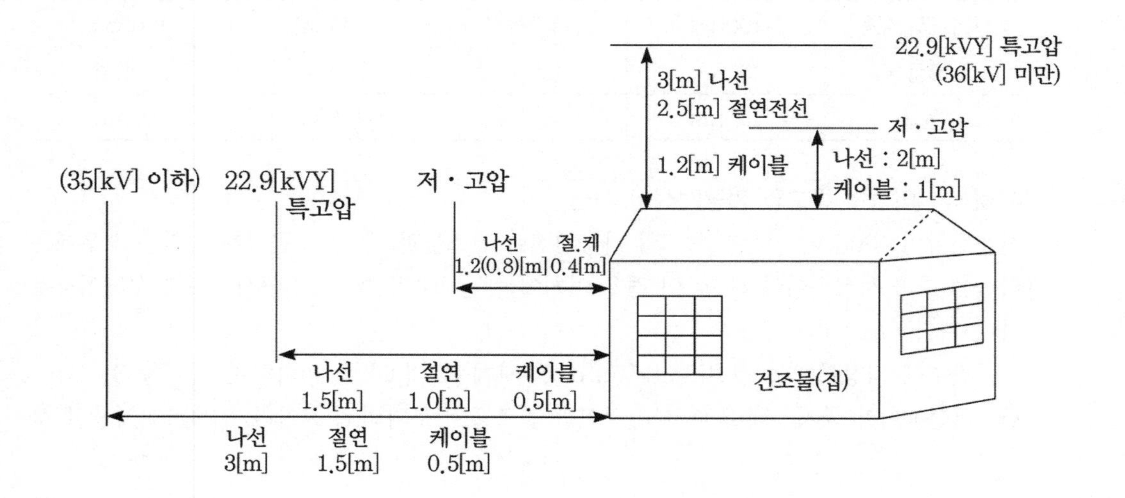

(2) 특고압 가공전선과 도로 등의 접근 또는 교차

① 특고압 가공전선이 도로·횡단보도교·철도 또는 궤도와 제1차 접근상태로 시설되는 경우에는 다음에 따라야 한다.

가. 특고압 가공전선로는 제3종 특고압 보안공사에 의할 것

나. 특고압 가공전선과 도로 등 사이의 이격거리

사용전압의 구분	이격거리
35[kV] 이하	3[m]
35[kV] 초과	$3 + (x - 3.5) \times 0.15$[m] (단, 괄호 부분은 절상한다)

(3) 특고압 가공전선이 도로 등과 교차하는 경우에 특고압 가공전선이 도로 등의 위에 시설되는 때에는 다음에 따라야 한다.

① **특고압 가공전선과 도로 등 사이에 다음에 의하여 보호망을 시설하는 경우**

가. 보호망을 구성하는 금속선 상호의 간격은 가로, 세로 각 1.5[m] 이하일 것

나. 보호망을 구성하는 금속선은 그 외주 및 특고압 가공전선의 직하에 시설하는 금속선에는 인장강도 8.01[kN] 이상의 것 또는 지름 5[mm] 이상의 경동선을 사용하고 그 밖의 부분에 시설하는 금속선에는 인장강도 5.26[kN] 이상의 것 또는 지름 4[mm] 이상의 경동선을 사용할 것

13 가공전선과 타 시설물과의 이격거리

(1) 가공전선과 약전류전선과의 이격거리

① 저압 – 약전류 : 0.6[m] 이상(단, 전선이 고압 절연전선, 특고압 절연전선 또는 케이블인 경우에는 0.3[m] 이상)

② 고압 – 약전류 : 0.8[m] 이상(단, 케이블인 경우에는 0.4[m] 이상)

③ 25[kV] 이하(다중접지) – 약전류

가. 나전선　2[m]

나. 절연전선　1.5[m]

다. 케이블　0.5[m]

④ 35[kV] 이하 – 약전류

가. 기본　2[m]

나. 절연전선　1[m]

다. 케이블　0.5[m]

⑤ 60[kV] 이하 - 약전류 : 2[m]

⑥ 60[kV] 초과 - 약전류 : $2+(x-6)\times 0.12$[m]

(2) 가공전선과 안테나와의 이격거리

① 저압 - 안테나 : 0.6[m] 이상(단, 전선이 고압 절연전선, 특고압 절연전선 또는 케이블인 경우에는 0.3[m] 이상)

② 고압 - 안테나 : 0.8[m] 이상(단, 케이블인 경우에는 0.4[m] 이상)

③ 25[kV] 이하(다중접지) - 안테나

가. 나전선 2[m]

나. 절연전선 1.5[m]

다. 케이블 0.5[m]

(3) 가공전선과 삭도와의 이격거리

① 저압 - 삭도 : 0.6[m] 이상(단, 전선이 고압 절연전선, 특고압 절연전선 또는 케이블인 경우에는 0.3[m] 이상)

② 고압 - 삭도 : 0.8[m] 이상(단, 케이블인 경우에는 0.4[m] 이상)

③ 25[kV] 이하(다중접지) - 삭도

가. 나전선 2[m]

나. 특고압 절연전선 1[m]

다. 케이블 0.5[m]

④ 35[kV] 이하 - 삭도

가. 기본 2[m]

나. 특고압 절연전선 1[m]

다. 케이블 0.5[m]

⑤ 60[kV] 이하 - 삭도 : 2[m]

⑥ 60[kV] 초과 - 삭도 : $2+(x-6)\times 0.12$[m]

(4) 가공전선과 가공전선과의 이격거리

① 저압 - 저압 : 0.6[m] 이상(단, 어느 한 쪽의 전선이 고압 절연전선, 특고압 절연전선 또는 케이블인 경우에는 0.3[m] 이상)

하나의 저압 가공전선과 다른 저압 가공전선로의 지지물 사이의 이격거리는 0.3[m] 이상이어야 한다.

② 고압 - 저압(또는 고압) : 0.8[m] 이상(단, 고압 가공전선이 케이블인 경우 0.4[m] 이상)

하나의 고압 가공전선과 다른 저압 가공전선로의 지지물 사이의 이격거리는 0.6[m] 이상이어야 한다.

③ 25[kV] 이하(다중접지) – 저·고압

가. 나전선 2[m]

나. 절연전선 1.5[m]

다. 케이블 0.5[m]

※ 25[kV] 이하 다중접지 가공전선의 접근

사용전선의 종류	이격거리
어느 한쪽 또는 양쪽이 나전선인 경우	1.5[m]
양쪽이 특고압 절연전선인 경우	1.0[m]
한쪽이 케이블이고 다른 한쪽이 케이블이거나 특고압 절연전선인 경우	0.5[m]

④ 35[kV] 이하 – 저·고압

저압 가공전선	특고압 절연전선	1.5[m] (저압 가공전선이 절연전선 또는 케이블인 경우는 1[m])
	케이블	1.2[m] (저압 가공전선이 절연전선 또는 케이블인 경우는 0.5[m])
고압 가공전선	특고압 절연전선	1[m]
	케이블	0.5[m]

※ 35[kV] 이하 특고압 가공전선 상호간의 경우

가. 기본 2[m]

나. 양 전선 모두 특고압 절연전선의 경우 1[m]

다. 한쪽이 케이블이며, 다른 한쪽이 특고압 절연전선 또는 케이블인 경우 0.5[m]

⑤ 60[kV] 이하 – 저·고압

2[m] 이상

⑥ 60[kV] 초과

$2 + (x - 6) \times 0.12$[m]

14 가공전선과 식물 또는 수목과의 이격거리

(1) 저·고압 – 식물

저·고압 가공전선은 상시 부는 바람 등에 의하여 식물에 접촉하지 않도록 시설하여야 한다.

(2) 25[kV] 이하(다중접지) – 식물

특고압 가공전선과 식물 사이의 이격거리는 1.5[m] 이상일 것
다만, 특고압 가공전선이 특고압 절연전선이거나 케이블인 경우로서 특고압 가공전선을 식물에 접촉하지 아니하도록 시설하는 경우에는 그러하지 아니하다.

(3) 35[kV] 이하 – 식물

2[m] 이상. 단, 고압 절연전선을 사용하는 특고압 가공전선과 식물 사이의 이격거리가 0.5[m]

(4) 60[kV] 이하 – 식물

2[m] 이상

(5) 60[kV] 초과 – 식물

$2 + (x - 6) \times 0.12$[m]

15 가공전선의 병행 설치

(1) 저 · 고압 가공전선의 병행 설치

① 저압 가공전선을 고압 가공전선의 아래로 하고 별개의 완금류에 시설할 것
② 저압 가공전선과 고압 가공전선 사이의 이격거리는 0.5[m] 이상일 것
③ 고압 가공전선에 케이블을 사용하고, 또한 그 케이블과 저압 가공전선 사이의 이격거리가 0.3[m] 이상일 것

(2) 25[kV] 이하(다중접지) 가공전선과 저 · 고압 가공전선을 병가하여 시설

① 특고압 가공전선과 저압 또는 고압의 가공전선 사이의 이격거리는 1[m] 이상일 것
② 특고압 가공전선이 케이블이고 저압 가공전선이 저압 절연전선이거나 케이블일 때 또는 고압 가공전선이 고압 절연전선이거나 케이블일 때에는 0.5[m]까지 감할 수 있다.

(3) 35[kV] 이하 가공전선과 저 · 고압 가공전선을 동일 지지물에 시설

① 특고압 가공전선과 저압 또는 고압 가공전선 사이의 이격거리는 1.2[m] 이상일 것
② 특고압 가공전선이 케이블로서 저압 가공전선이 절연전선이거나 케이블일 때 또는 고압 가공전선이 고압 절연전선, 특고압 절연전선 또는 케이블일 때는 0.5[m]까지로 감할 수 있다.

(4) 사용전압이 35[kV]을 초과하고 100[kV] 미만인 특고압 가공전선과 저압 또는 고압 가공전선을 동일 지지물에 시설하는 경우

① 특고압 가공전선로는 제2종 특고압 보안공사에 의할 것

② 특고압 가공전선과 저압 또는 고압 가공전선 사이의 이격거리는 2[m] 이상일 것
③ 특고압 가공전선이 케이블인 경우에 저압 가공전선이 절연전선 혹은 케이블일 때 또는 고압 가공전선이 절연전선 혹은 케이블일 때에는 1[m]까지 감할 수 있다.
④ 특고압 가공전선은 케이블인 경우를 제외하고는 인장강도 21.67[kN] 이상의 연선 또는 단면적이 50[mm^2] 이상인 경동연선일 것
⑤ 특고압 가공전선로의 지지물은 철주·철근콘크리트주 또는 철탑일 것
⑥ 사용전압이 100[kV] 이상인 특고압 가공전선과 저압 또는 고압 가공전선은 동일 지지물에 시설하여서는 아니 된다.

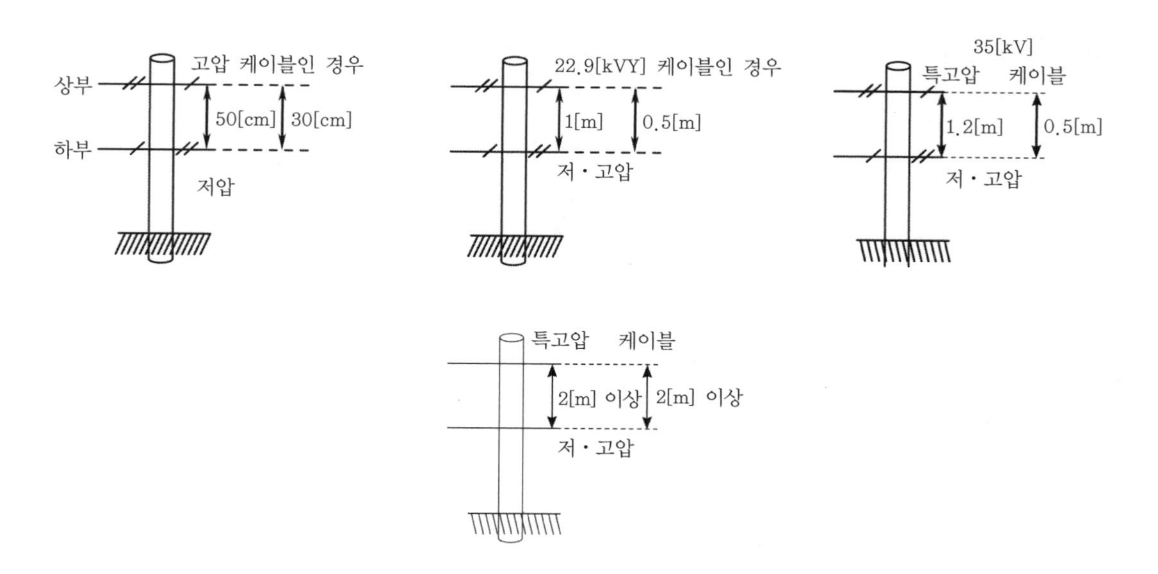

16 가공전선과 가공약전류전선의 공용설치

(1) 저압 가공전선 또는 고압 가공전선과 가공약전류전선 등(전력보안 통신용의 가공약전류전선은 제외한다)을 동일 지지물에 시설하는 경우에는 다음에 따라 시설하여야 한다.
① 전선로의 지지물로서 사용하는 목주의 풍압하중에 대한 안전율은 1.5 이상일 것
② 가공전선을 가공약전류전선 등의 위로 하고 별개의 완금류에 시설할 것
③ 저압전선과 가공약전류전선 사이의 이격거리는 0.75[m] 이상
④ 고압전선과 가공약전류전선 사이의 이격거리는 1.5[m] 이상

(2) 특고압 가공전선과 가공약전류전선 등의 공용설치

사용전압이 35[kV] 이하인 특고압 가공전선과 가공약전류전선 등을 동일 지지물에 시설하는 경우에는 다음에 따라야 한다.

① 특고압 가공전선로는 제2종 특고압 보안공사에 의할 것

② 특고압 가공전선은 케이블인 경우 이외에는 인장강도 21.67[kN] 이상의 연선 또는 단면적이 50[mm^2] 이상인 경동연선일 것

(3) 특고압 가공전선과 가공약전류전선 등 사이의 이격거리는 2[m] 이상으로 할 것. 다만, 특고압 가공전선이 케이블인 경우에는 0.5[m]까지로 감할 수 있다.

(4) 사용전압이 35[kV]를 초과하는 특고압 가공전선과 가공약전류전선 등은 동일 지지물에 시설하여서는 아니 된다.

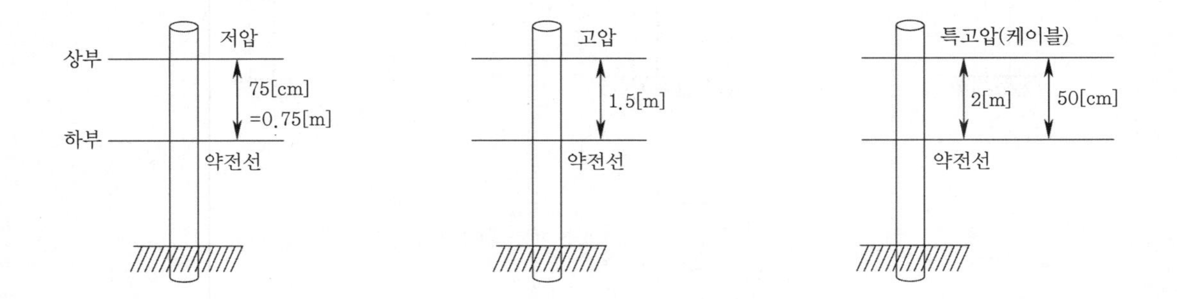

17 농사용 저압 가공전선로의 시설(사용전압은 저압일 것)

(1) 목주의 굵기는 말구 지름이 0.09[m] 이상일 것

(2) 저압 가공전선은 인장강도 1.38[kN] 이상의 것 또는 지름 2[mm] 이상의 경동선일 것

(3) 전선로의 지지점 간 거리는 30[m] 이하일 것(구내에 시설하는 저압 가공전선로의 경간과 같다)

(4) 저압 가공전선의 지표상의 높이는 3.5[m] 이상일 것. 다만, 저압 가공전선을 사람이 쉽게 출입하지 못하는 곳에 시설하는 경우에는 3[m]까지로 감할 수 있다.

18 25[kV] 이하인 특고압 가공전선로의 시설

(1) 접지선의 굵기 6[mm^2]

(2) 접지상호 간 거리

① 15[kV] 이하 : 300[m] 이하

② 25[kV] 이하 : 150[m] 이하

(3) 각 접지도체를 중성선으로부터 분리하였을 경우의 각 접지점의 대지 전기저항 값과 1[km]마다의 중성선과 대지 사이의 합성 전기저항 값

전압	각 접지점의 대지 전기저항 값	1[km]마다의 합성 전기저항 값
15[kV] 이하	300[Ω]	30[Ω]
25[kV] 이하	300[Ω]	15[Ω]

(4) 특고압 가공전선로의 다중접지를 한 중성선은 저압 가공전선의 규정에 준하여 시설할 것

19 지중전선로(케이블 사용)

직접 매설식, 관로식, 암거식에 의하여 시설하여야 한다.

(1) 지중 전선로를 관로식 또는 암거식에 의하여 시설하는 경우

① 직접 매설식

가. 차량 기타 중량물의 압력을 받을 우려가 있는 장소에는 1.0[m] 이상

나. 기타 장소에는 0.6[m] 이상

다. 지중전선을 견고한 트라프 기타 방호물에 넣어 시설하여야 한다. 다만 저압 또는 고압의 지중전선에 콤바인덕트 케이블을 사용하는 경우 그러하지 아니하다.

② 관로식

가. 매설 깊이를 1.0[m] 이상

나. 중량물의 압력을 받을 우려가 없는 곳은 0.6[m] 이상으로 한다.

(2) 지중함의 시설기준

지중전선로에 사용하는 지중함은 다음에 따라 시설하여야 한다.

① 지중함은 견고하고 차량 기타 중량물의 압력에 견디는 구조일 것

② 지중함은 그 안의 고인 물을 제거할 수 있는 구조로 되어 있을 것

③ 폭발성 또는 연소성의 가스가 침입할 우려가 있는 것에 시설하는 지중함으로서 그 크기가 1[m^3] 이상인 것에는 통풍장치 및 기타 가스를 방산시키기 위한 적당한 장치를 시설할 것

④ 지중함의 뚜껑은 시설자 이외의 자가 쉽게 열 수 없도록 시설할 것

(3) 케이블의 가압장치의 시설

압축가스를 사용하여 케이블에 압력을 가하는 장치는 다음에 따라 시설하여야 한다.

① 압축 가스 또는 압유를 통하는 관, 압축 가스탱크 또는 압유탱크 및 압축기는 각각의 최고 사용압력의 1.5배의 유압 또는 수압(유압 또는 수압으로 시험하기 곤란한 경우에는 최고 사용압력의 1.25배의 기압)을 연속하여 10분간 가하여 시험을 하였을 때 이에 견디고 또한 누설되지 아니하는 것일 것

(4) 지중약전류전선의 유도장해 방지

지중전선로는 기설 지중약전류전선로에 대하여 누설전류 또는 유도작용에 의하여 통신상의 장해를 주지 않도록 기설 약전류전선로로부터 충분히 이격시키거나 기타 적당한 방법으로 시설하여야 한다.

(5) 지중전선과 지중약전류전선 등 또는 관과의 접근 또는 교차

① 지중전선과 지중전선의 접근

가. 저 - 고압 : 0.15[m]

나. 저·고압 - 특고압 : 0.3[m]

② 지중전선과 지중약전류전선과의 접근

가. 저·고압 - 지중약전류전선 : 0.3[m]

나. 특고압 - 지중약전류전선 : 0.6[m]

③ 특고압 지중전선이 가연성이나 유독성의 유체(流體)를 내포하는 관과 접근하거나 교차하는 경우에 상호 간의 이격거리가 1[m] 이하

20 터널 안 전선로

철도·궤도 또는 자동차도 전용터널 안의 전선로는 다음에 따라 시설하여야 한다.

(1) 저압

① 전선의 굵기

인장강도 2.30[kN] 이상의 절연전선 또는 지름 2.6[mm] 이상의 경동선의 절연전선을 사용

② 전선의 높이

애자사용 공사에 의하여 시설하여야 하며 또한 이를 레일면상 또는 노면상 2.5[m] 이상의 높이로 유지할 것

(2) 고압

① 전선의 굵기

인장강도 5.26[kN] 이상의 것 또는 지름 4[mm] 이상의 경동선의 고압 절연전선 또는 특고압 절연전선을 사용

② 애자사용 공사에 의하여 시설하고 또한 이를 레일면상 또는 노면상 3[m] 이상의 높이로 유지하여 시설

21 수상전선로의 시설

수상전선로를 시설하는 경우에는 그 사용전압은 저압 또는 고압인 것에 한하며 다음에 따르고 또한 위험의 우려가 없도록 시설하여야 한다.

(1) 전선의 종류

① 저압 : 클로로프렌 캡타이어 케이블

② 고압 : 캡타이어 케이블일 것

(2) 전선의 접속점

① 육상의 경우

가. 지표상 5[m] 이상

나. 단, 저압인 경우에 도로상 이외의 곳에 있을 때에는 지표상 4[m]까지로 감할 수 있다.

② 수상의 경우

가. 저압 : 4[m] 이상

나. 고압 : 5[m] 이상

③ 수상전선로의 사용전압이 고압인 경우에는 전로에 지락이 생겼을 때에 자동적으로 전로를 차단하기 위한 장치를 시설하여야 한다.

22 물밑전선로

물밑전선로는 손상을 받을 우려가 없는 곳에 위험의 우려가 없도록 시설하여야 한다.

(1) 저압 또는 고압의 물밑전선로

① 전선에 케이블을 사용하고 또한 이를 견고한 관에 넣어서 시설하는 경우

② 전선에 지름 4.5[mm] 아연도철선 이상의 기계적 강도가 있는 금속선으로 개장한 케이블을 사용

(2) 특고압 물밑전선로

① 전선은 케이블일 것

② 케이블은 견고한 관에 넣어 시설할 것. 다만, 전선에 지름 6[mm]의 아연도 철선 이상의 기계적강도가 있는 금속선으로 개장한 케이블을 사용

23 교량에 시설하는 전선로

(1) 저압전선로

교량의 윗면에 시설하는 것은 다음에 의하는 이외에 전선의 높이를 교량의 노면상 5[m] 이상으로 하여 시설할 것

① 전선의 굵기 : 2.30[kN] 이상의 것 또는 지름 2.6[mm] 이상의 경동선의 절연전선일 것

② 전선과 조영재 사이의 이격거리는 전선이 케이블인 경우 이외에는 0.3[m] 이상일 것(케이블인 경우 0.15[m])

(2) 고압전선로

교량의 윗면에 시설하는 것은 다음에 의하는 이외에 전선의 높이를 교량의 노면상 5[m] 이상으로 할 것

① 전선의 굵기 : 인장강도 5.26[kN] 이상의 것 또는 지름 4[mm] 이상의 경동선

② 전선과 조영재 사이의 이격거리는 0.6[m] 이상일 것(케이블인 경우 0.3[m])

03 CHAPTER 출제예상문제

01 **가공전선로에 사용하는 지지물의 강도 계산에 적용하는 갑종 풍압하중을 계산할 때 구성재의 수직 투영면적 1[m^2]에 대한 풍압의 기준이 잘못된 것은?**

① 목주 : 588[Pa]
② 원형 철주 : 588[Pa]
③ 철근콘크리트주 : 1,117[Pa]
④ 강관으로 구성된 철탑 : 1,255[Pa]

해설

지지물의 갑종 풍압하중

<table>
<tr><th colspan="4">풍압을 받는 구분</th><th>구성재의 수직 투영면적 1[m²]에 대한 풍압</th></tr>
<tr><td colspan="4">목주</td><td>588[Pa]</td></tr>
<tr><td rowspan="10">지지물</td><td rowspan="4">철주</td><td colspan="2">원형의 것</td><td>588[Pa]</td></tr>
<tr><td colspan="2">삼각형 또는 마름모형의 것</td><td>1,412[Pa]</td></tr>
<tr><td colspan="2">강관에 의하여 구성되는 4각형의 것</td><td>1,117[Pa]</td></tr>
<tr><td colspan="2">기타의 것</td><td>복재(腹材)가 전·후면에 겹치는 경우에는 1,627[Pa], 기타의 경우에는 1,784[Pa]</td></tr>
<tr><td rowspan="2">철근 콘크리트주</td><td colspan="2">원형의 것</td><td>588[Pa]</td></tr>
<tr><td colspan="2">기타의 것</td><td>882[Pa]</td></tr>
<tr><td rowspan="4">철탑</td><td rowspan="2">단주(완철류는 제외함)</td><td>원형의 것</td><td>588[Pa]</td></tr>
<tr><td>기타의 것</td><td>1,117[Pa]</td></tr>
<tr><td colspan="2">강관으로 구성되는 것(단주는 제외함)</td><td>1,255[Pa]</td></tr>
<tr><td colspan="2">기타의 것</td><td>2,157[Pa]</td></tr>
</table>

02 **가공전선로에 사용하는 지지물의 강도 계산에 적용하는 풍압하중의 종류는?**

① 갑종, 을종, 병종
② A종, B종, C종
③ 1종, 2종, 3종
④ 수평, 수직, 각도

해설

가공전선로에 사용하는 지지물의 강도 계산에 적용하는 풍압하중은 다음의 3종으로 한다.
갑종, 을종, 병종

정답 01 ③ 02 ①

03 가공전선로에 사용하는 지지물의 강도 계산에 적용하는 갑종 풍압하중을 계산할 때 구성재의 수직 투영면적 1[m^2]에 대한 풍압의 기준이 잘못된 것은?

① 목주 : 588[Pa]

② 원형 철주 : 588[Pa]

③ 원형 철근콘크리트주 : 882[Pa]

④ 강관으로 구성(단주는 제외)된 철탑 : 1,255[Pa]

해설

지지물의 갑종 풍압하중

철근 콘크리트주	원형의 것	588[Pa]
	기타의 것	882[Pa]

04 단도체 전선의 갑종 풍압하중은 수직 투영면적 1[m^2]당 몇 [Pa]로 계산하는가?

① 588　② 666　③ 745　④ 1,196

해설

전선의 갑종 풍압하중

전선 기타 가섭선	다도체(구성하는 전선이 2가닥마다 수평으로 배열되고 또한 그 전선 상호 간의 거리가 전선 바깥지름의 20배 이하인 것에 한함)를 구성하는 전선	666[Pa]
	기타의 것	745[Pa]

05 전선 상호 간 거리가 전선 바깥지름의 20배 이하의 거리로서 수평 배치된 복도체 갑종 풍압하중[Pa]은 수직 투영면적 1[m^2]당 얼마인가?

① 588　② 666　③ 745　④ 1,196

해설

전선의 갑종 풍압하중

전선 기타 가섭선	다도체(구성하는 전선이 2가닥마다 수평으로 배열되고 또한 그 전선 상호 간의 거리가 전선의 바깥지름의 20배 이하인 것에 한함)를 구성하는 전선	666[Pa]
	기타의 것	745[Pa]

정답 03 ③ 04 ③ 05 ②

06 다도체의 을종 풍압하중은 전선 주위에 두께 6[mm], 비중 0.9의 빙설이 부착한 상태에서 수직 투영면적 1[m^2]당 몇 [Pa]을 기초로 하여 계산한 것인가?

① 333　　② 666
③ 372　　④ 745

해설

을종 풍압하중(갑종 풍압하중의 50[%])
전선 기타의 가섭선(架涉線) 주위에 두께 6[mm], 비중 0.9의 빙설이 부착된 상태에서 수직 투영면적 372[Pa](다도체를 구성하는 전선은 333[Pa])을 기초로 계산한다.

07 전선 기타의 가섭선 주위에 두께 6[mm], 비중 0.9의 빙설이 부착된 상태에서 을종 풍압하중은 수직 투영면적 1[m^2]당 몇 [Pa]로 계산하는가? (단, 다도체를 구성하는 전선이 아니라고 한다.)

① 333　　② 666
③ 372　　④ 745

해설

을종 풍압하중(갑종 풍압하중의 50[%])
전선 기타의 가섭선(架涉線) 주위에 두께 6[mm], 비중 0.9의 빙설이 부착된 상태에서 수직 투영면적 372[Pa](다도체를 구성하는 전선은 333[Pa])을 기초로 계산한다.

08 가공전선로에 사용하는 지지물의 강도 계산에 적용하는 병종 풍압하중은 갑종 풍압하중의 몇 [%]를 기초로 하여 계산한 것인가?

① 30　　② 50
③ 80　　④ 110

해설

병종 풍압하중(갑종 풍압하중의 50[%]
- 인가가 많이 연접되어 있는 장소
  ① 저압 또는 고압 가공전선로의 지지물 또는 가섭선
  ② 사용전압이 35[kV] 이하의 전선에 특고압 절연전선 또는 케이블을 사용하는 특고압 가공전선로의 지지물, 가섭선 및 특고압 가공전선을 지지하는 애자장치 및 완금류

정답 06 ① 07 ③ 08 ②

09 **인가가 많이 연접되어 있는 장소에 시설하는 가공전선로의 구성재 중 고압 가공전선로의 지지물 또는 가섭선에 적용하는 풍압하중에 대한 설명으로 옳은 것은?**

① 갑종 풍압하중의 1.5배를 적용시켜야 한다.
② 갑종 풍압하중의 2배를 적용시켜야 한다.
③ 병종 풍압하중을 적용시킬 수 있다.
④ 갑종 풍압하중과 을종 풍압하중 중 큰 것만 적용시킨다.

해설

병종 풍압하중(갑종 풍압하중의 50[%]

- 인가가 많이 연접되어 있는 장소
  ① 저압 또는 고압 가공전선로의 지지물 또는 가섭선
  ② 사용전압이 35[kV] 이하의 전선에 특고압 절연전선 또는 케이블을 사용하는 특고압 가공전선로의 지지물, 가섭선 및 특고압 가공전선을 지지하는 애자장치 및 완금류

10 **가공전선로의 지지물을 구성재가 강관으로 구성되는 철탑으로 할 경우 병종 풍압하중은 수직 투영면적 $1[m]^2$]당 몇 [Pa]을 기초로 하여 계산한 것인가?**

① 333 ② 588
③ 628 ④ 666

해설

병종 풍압하중(갑종 풍압하중의 50[%]

강관으로 구성되는 철탑의 갑종 풍압하중은 1,255[Pa]이므로 병종 풍압하중은 1,255 × 0.5 = 628[Pa]

11 **가공전선로의 지지물에 하중이 가해질 때, 그 하중을 받는 지지물의 일반적인 기초 안전율은 얼마 이상이어야 하는가?**

① 1.2 ② 1.5
③ 1.8 ④ 2

해설

지지물의 기초 안전율

가공전선로의 지지물에 하중이 가하여지는 경우에 그 하중을 받는 지지물의 기초 안전율은 2 이상이다.

정답 09 ③ 10 ③ 11 ④

12

철탑의 강도 계산에 사용하는 이상 시 상정하중에 대한 철탑의 기초 안전율은 얼마 이상이어야 하는가?

① 1.33 ② 1.83 ③ 2.25 ④ 2.75

해설

이상 시 상정하중에 대한 철탑의 기초 안전율은 1.33 이상이다.

13

설계하중 9.8[kN]인 철근콘크리트주의 길이가 16[m]라 한다. 이 지지물의 안전율을 고려하지 않고 시설하려고 하면, 땅에 묻히는 깊이는 몇 [m] 이상으로 하여야 하는가?

① 2.0 ② 2.3 ③ 2.5 ④ 2.8

해설

지지물의 매설 깊이

전장의 길이	설계하중[kN]		
	6.8 이하	9.8 이하	14.72 이하
15[m] 이하	전장의 길이 $\times \frac{1}{6}$	전장의 길이 $\times \frac{1}{6}$ + 0.3[m]	전장의 길이 $\times \frac{1}{6}$ + 0.5[m]
15[m] 초과 (16[m] 이하)	2.5[m]	2.8[m]	3.0[m]
16[m] 초과 (18[m] 이하)	2.8[m]		
18[m] 초과 (20[m] 이하)			3.2[m]

14

철근콘크리트주로서 전장이 15[m]이고, 설계하중이 9.8[kN]이다. 이 지지물을 논, 기타 지반이 연약한 곳에 기초 안전율을 고려 없이 시설하는 경우에 그 묻히는 깊이는 기준보다 몇 [cm]를 가산하여 시설하는가?

① 10 ② 20 ③ 30 ④ 40

해설

지지물의 매설 깊이

9.8[kN] 이하의 지지물의 경우 기준보다 0.3[m] 이상 가산하여 시설한다.

정답 12 ① 13 ④ 14 ③

15 가공전선로의 지지물이 아닌 것은?

① 목주　② 지선
③ 철탑　④ 철근콘크리트주

해설

가공전선로의 지지물
목주, 철주, 철근콘크리트주, 철탑

16 지선으로 보강해서는 안 되는 지지물은?

① 목주　② 철주
③ 철근콘크리트전주　④ 철탑

해설

지선의 시설
가공전선로의 지지물로 사용하는 철탑은 지선을 사용하여 그 강도를 분담시켜서는 안 된다.

17 가공전선로의 지지물에 시설하는 지선에 관한 사항으로 옳은 것은?

① 지선의 안전율은 1.2 이상일 것
② 지선에 연선을 사용할 경우에는 소선은 3가닥 이상의 연선일 것
③ 소선은 지름 1.2[cm] 이상인 금속선을 사용한 것일 것
④ 도로를 횡단하여 시설하는 지선의 높이는 교통에 지장을 초래할 우려가 없는 경우에는 지표상 2.0[m] 이상일 것

해설

지선의 시설
(1) 지선의 안전율은 2.5 이상일 것
(2) 허용 인장하중의 최저는 4.31[kN]으로 한다.
(3) 소선 3가닥 이상의 연선일 것
(4) 소선의 지름이 2.6[mm] 이상의 금속선을 사용한 것일 것
(5) 도로를 횡단하여 시설하는 지선의 높이는 지표상 5[m] 이상으로 하여야 한다. 다만, 기술상 부득이한 경우로서 교통에 지장을 초래할 우려가 없는 경우에는 지표상 4.5[m] 이상

정답 15 ② 16 ④ 17 ②

18 **가공전선로의 지지물에 지선을 시설하려고 한다. 이 지선의 최저기준으로 옳은 것은?**

① 소선 굵기 : 2.0[mm], 안전율 : 3.0, 허용 인장하중 : 2.08[kN]
② 소선 굵기 : 2.6[mm], 안전율 : 2.5, 허용 인장하중 : 4.31[kN]
③ 소선 굵기 : 1.6[mm], 안전율 : 2.0, 허용 인장하중 : 4.31[kN]
④ 소선 굵기 : 2.6[mm], 안전율 : 1.5, 허용 인장하중 : 2.08[kN]

해설

지선의 시설

(1) 지선의 안전율은 2.5 이상일 것
(2) 허용 인장하중의 최저는 4.31[kN]으로 한다.
(3) 소선 3가닥 이상의 연선일 것
(4) 소선의 지름이 2.6[mm] 이상의 금속선을 사용한 것일 것
(5) 도로를 횡단하여 시설하는 지선의 높이는 지표상 5[m] 이상으로 하여야 한다. 다만, 기술상 부득이한 경우로서 교통에 지장을 초래할 우려가 없는 경우에는 지표상 4.5[m] 이상

19 **다음 중 가공전선로의 지지물에 지선을 시설할 때 옳은 방법은?**

① 지선의 안전율을 2.0으로 하였다.
② 소선은 최소 2가닥 이상의 연선을 사용하였다.
③ 지중의 부분 및 지표상 20[cm]까지의 부분은 아연도금 철봉 등 내부식성 재료를 사용하였다.
④ 도로를 횡단하는 곳의 지선의 높이는 지표상 5[m]로 하였다.

해설

지선의 시설

(1) 지선의 안전율은 2.5 이상일 것
(2) 허용 인장하중의 최저는 4.31[kN]으로 한다.
(3) 소선 3가닥 이상의 연선일 것
(4) 소선의 지름이 2.6[mm] 이상의 금속선을 사용한 것일 것
(5) 도로를 횡단하여 시설하는 지선의 높이는 지표상 5[m] 이상으로 하여야 한다. 다만, 기술상 부득이한 경우로서 교통에 지장을 초래할 우려가 없는 경우에는 지표상 4.5[m] 이상

정답 18 ② 19 ④

20 **고압 가공전선로와 기설 가공약전류전선로가 병행되는 경우, 유도작용에 의해서 통신상의 장해가 발생하지 않도록 하기 위하여 전선과 기설 가공약전류전선 간의 이격거리는 최소 몇 [m] 이상이어야 하는가?**

① 0.5　　② 1　　③ 1.5　　④ 2

해설

유도장해

저압 가공전선로 또는 고압 가공전선로와 기설 가공약전류전선로가 병행하는 경우에는 유도작용에 의하여 통신상의 장해가 생기지 않도록 전선과 기설 약전류전선 간의 이격거리는 2[m] 이상이어야 한다.

21 **사용전압이 60,000[V] 이하의 특고압 가공전선로에서는 선로의 길이 12[km]마다 유도전류가 몇 [μA]를 넘지 않도록 하여야 하는가?**

① 1.5　　② 2　　③ 2.5　　④ 3

해설

유도장해 방지

특고압 가공전선로의 유도장해 방지

(1) 사용전압이 60[kV] 이하인 경우에는 전화선로의 길이 12[km]마다 유도전류가 2[μA]를 넘지 아니하도록 할 것

(2) 사용전압이 60[kV]를 초과하는 경우에는 전화선로의 길이 40[km]마다 유도전류가 3[μA]을 넘지 아니하도록 할 것

22 **사용전압이 60,000[V]를 넘는 특고압 가공전선로에서는 선로의 길이 40[km]마다 유도전류가 몇 [μA]를 넘지 않도록 하여야 하는가?**

① 1　　② 2　　③ 3　　④ 4

해설

유도장해 방지

특고압 가공전선로의 유도장해 방지

(1) 사용전압이 60[kV] 이하인 경우에는 전화선로의 길이 12[km]마다 유도전류가 2[μA]를 넘지 아니하도록 할 것

(2) 사용전압이 60[kV]를 초과하는 경우에는 전화선로의 길이 40[km]마다 유도전류가 3[μA]을 넘지 아니하도록 할 것

정답 20 ④ 21 ② 22 ③

23 저압 가공전선으로 케이블을 사용하는 경우에는 케이블은 조가용선에 행거로 시설한다. 이때 사용전압이 고압인 경우 행거의 간격은 몇 [cm] 이하로 시설하여야 하는가?

① 20 ② 30 ③ 50 ④ 100

해설

가공케이블의 시설

케이블은 조가용선에 행거로 시설할 것. 이 경우에는 사용전압이 고압인 때에는 행거의 간격은 0.5[m] 이하로 하는 것이 좋다.

24 다음 중 10 경간의 고압 가공전선으로 케이블을 사용할 때 이용되는 조가용선에 대한 설명으로 옳은 것은?

① 조가용선은 아연도 철연선으로 단면적 14[mm^2] 이상으로 하여야 한다.
② 조가용선은 아연도 철연선으로 단면적 30[mm^2] 이상으로 하여야 한다.
③ 조가용선은 아연도 철연선으로 단면적 22[mm^2] 이상으로 하여야 한다.
④ 조가용선은 아연도 철연선으로 단면적 8[mm^2] 이상으로 하여야 한다.

해설

조가용선의 굵기

저・고압 : 인장강도 5.93[kN] 이상의 것 또는 단면적 22[mm^2] 이상인 아연도 강연선일 것

25 고압 가공전선에 경동선을 사용하는 경우 안전율은 얼마 이상이 되는 이도로 시설하여야 하는가?

① 2.0 ② 2.2 ③ 2.5 ④ 2.6

해설

전선의 안전율

(1) 경동선 또는 내열 동합금선은 2.2 이상
(2) 그 밖의 전선 : 2.5 이상

정답 23 ③ 24 ③ 25 ②

26 **고압 가공전선에 경알루미늄선을 사용하는 경우 안전율의 최솟값은 얼마인가?**

① 2.0 ② 2.2 ③ 2.5 ④ 4.0

해설

전선의 안전율

(1) 경동선 또는 내열 동합금선은 2.2 이상

(2) 그 밖의 전선 : 2.5 이상

27 **사용전압이 400[V] 이하인 저압 가공전선은 케이블이나 절연전선인 경우를 제외하고 인장강도가 3.43[kN] 이상인 것 또는 지름이 몇 [mm] 이상의 경동선이어야 하는가?**

① 1.2 ② 2.6 ③ 3.2 ④ 4.0

해설

가공전선의 굵기(케이블 제외)

전압	전선의 종류	굵기
400[V] 이하	절연전선 이외	3.43[kN] 이상의 것 또는 지름 3.2[mm] 이상
	절연전선	인장강도 2.3[kN] 이상의 것 또는 지름 2.6[mm] 이상의 경동선

28 **사용전압이 400[V] 초과인 저압 가공전선을 동복강선 또는 케이블인 경우 이외에 시가지에 시설하는 것은 지름 몇 [mm]의 경동선 또는 이와 동등 이상의 세기 및 굵기의 것이어야 하는가?**

① 3.2 ② 3.5 ③ 4 ④ 5

해설

저압 가공전선의 굵기(케이블 제외)

전압	전선의 종류	굵기
400[V] 초과 저압	시가지 외	인장강도 5.26[kN] 이상의 것 또는 지름 4[mm] 이상의 경동선
	시가지	인장강도 8.01[kN] 이상의 것 또는 지름 5[mm] 이상의 경동선

정답 26 ③ 27 ③ 28 ④

29

154[kV] 전선로를 경동연선을 사용하여 가공으로 시가지에 시설할 경우, 최소 단면적은 몇 [mm^2] 이상이어야 하는가?

① 55 ② 100
③ 150 ④ 200

해설

특고압 가공전선의 굵기

시가지	100[kV] 미만	인장강도 21.67[kN] 이상의 연선 또는 단면적 55[mm^2] 이상의 경동연선 또는 동등 이상의 인장강도를 갖는 알루미늄 전선이나 절연전선
	100[kV] 이상	인장강도 58.84[kN] 이상의 연선 또는 단면적 150[mm^2] 이상의 경동연선 또는 동등 이상의 인장강도를 갖는 알루미늄 전선이나 절연전선

30

고압 가공전선의 높이는 철도 또는 궤도를 횡단하는 경우 궤도면상 몇 [m] 이상이어야 하는가?

① 5 ② 5.5
③ 6 ④ 6.5

해설

가공전선의 높이

구분	저·고압	특고압(시가지외)	특고압(시가지)
도로횡단	6[m]	6[m]	–
철도횡단	6.5[m]	6.5[m]	–
횡단보도교	3.5[m] (단, 절연전선 또는 케이블인 경우 3[m])	35[kV] 이하 4[m] (단, 절연전선, 케이블) 160[kV] 이하 5[m] (단, 케이블)	–

31

시가지에서 저압 가공전선로를 도로에 따라 시설할 경우 지표상의 최저 높이는 몇 [m] 이상이어야 하는가?

① 4.5 ② 5
③ 5.5 ④ 6

정답 29 ③ 30 ④ 31 ②

해설

가공전선의 높이(도로, 철도, 횡단보도교 횡단 이외의 경우)

전압	저·고압	특고압(시가지외)	특고압(시가지)
이외 장소	지표상 5[m] 이상 (단, 절연전선, 케이블이며 교통의 지장이 없는 경우 4[m] 이상)	35[kV] 이하 5[m] 160[kV] 이하 6[m] (단, 산지의 경우 5[m] 160[kV] 초과 시 6(5) + (x−16)×0.12[m]	35[kV] 이하 10[m] 이상 (단, 절연전선의 경우 8[m]) 35[kV] 초과 시 10(8) + (x−3.5)×0.12[m]

32 **사용전압이 22.9[kV]인 특고압 가공전선이 도로를 횡단 시 지표상 높이는 몇 [m] 이상이어야만 하는가?**

① 4 ② 5 ③ 6 ④ 8

해설

가공전선의 높이

구분	저·고압	특고압(시가지외)	특고압(시가지)
도로횡단	6[m]	6[m]	−
철도횡단	6.5[m]	6.5[m]	−
횡단 보도교	3.5[m] (단, 절연전선 또는 케이블인 경우 3[m])	35[kV] 이하 4[m] (단, 절연전선, 케이블) 160[kV] 이하 5[m] (단, 케이블)	−

33 **345[kV] 송전선을 사람이 쉽게 들어가지 못하는 산지에 시설 시 전선의 지표상 높이는 몇 [m] 이상으로 하여야만 하는가?**

① 7.28 ② 8.28 ③ 7.85 ④ 9.8

해설

가공전선의 높이(도로, 철도, 횡단보도교 횡단 이외의 경우)

전압	저·고압	특고압(시가지외)	특고압(시가지)
이외 장소	지표상 5[m] 이상 (단, 절연전선, 케이블이며 교통의 지장이 없는 경우 4[m] 이상)	35[kV] 이하 5[m] 160[kV] 이하 6[m] (단, 산지의 경우 5[m] 160[kV] 초과 시 6(5) + (x−16)×0.12[m]	35[kV] 이하 10[m] 이상 (단, 절연전선의 경우 8[m]) 35[kV] 초과 시 10(8) + (x−3.5)×0.12[m]

160[kV]를 초과하는 특고압 가공전선이 산지에 설치되므로 지표상 높이는 5 + (34.5−16)×0.12 = 7.28[m] (단, 괄호 부분의 값은 절상한다.)

정답 32 ③ 33 ①

34 사용전압이 154,000[V]의 특고압 가공전선로를 시가지에 시설하는 경우 지표 위 몇 [m] 이상에 시설하여야 하는가?

① 7 ② 8 ③ 9.44 ④ 11.44

해설

가공전선의 높이(도로, 철도, 횡단보도교 횡단 이외의 경우)

전압	저·고압	특고압(시가지외)	특고압(시가지)
이외 장소	지표상 5[m] 이상 (단, 절연전선, 케이블이며 교통의 지장이 없는 경우 4[m] 이상)	35[kV] 이하 5[m] 160[kV] 이하 6[m] (단, 산지의 경우 5[m]) 160[kV] 초과 시 6(5) + $(x-16)\times 0.12$[m]	35[kV] 이하 10[m] 이상 (단, 절연전선의 경우 8[m]) 35[kV] 초과 시 10(8) + $(x-3.5)\times 0.12$[m]

35[kV]를 초과하는 특고압 가공전선으로 시가지에 시설되므로 그 높이는 $10+(15.4-3.5)\times 0.12=11.44$[m](단, 괄호부분은 절상한다.)

35 고압 가공전선로의 지지물로서 사용하는 목주의 풍압하중에 대한 안전율은?

① 1.1 이상 ② 1.2 이상
③ 1.3 이상 ④ 1.5 이상

해설

목주의 풍압하중에 대한 안전율
(1) 저압 : 1.2
(2) 고압 : 1.3
(3) 특고압 : 1.5

36 특고압 가공전선로의 철탑의 경간은 얼마 이하로 하여야 하는가?

① 400[m] ② 500[m] ③ 600[m] ④ 800[m]

해설

가공전선로의 경간 제한

지지물의 종류	경간[m]
목주, A종 철주 또는 A종 철근콘크리트주	150
B종 철주 또는 B종 철근콘크리트주	250
철탑	600

정답 34 ④ 35 ③ 36 ③

37 목주를 사용한 고압 가공전선로의 최대 경간은 몇 [m]인가?

① 50 ② 100 ③ 150 ④ 200

해설

가공전선로의 경간 제한

지지물의 종류	경간[m]
목주, A종 철주 또는 A종 철근콘크리트주	150
B종 철주 또는 B종 철근콘크리트주	250
철탑	600

38 154[kV] 가공전선을 지지하는 애자장치의 50[%] 충격섬락전압 값이 그 전선의 근접한 다른 부분을 지지하는 애자장치의 값의 몇 [%] 이상이고, 또한 위험의 우려가 없도록 하면 시가지 기타 인가가 밀집하는 지역에 시설하여도 되는가?

① 100 ② 105 ③ 110 ④ 115

해설

시가지 등에서 특고압 가공전선로의 시설

- 특고압 가공전선을 지지하는 애자장치는 다음 중 어느 하나에 의할 것
  (1) 50[%] 충격섬락전압 값이 그 전선의 근접한 다른 부분을 지지하는 애자장치 값의 110[%]
  (2) 사용전압이 130[kV]를 초과하는 경우는 105[%] 이상인 것

39 특고압 가공전선로용 지지물로서 시가지에 시설하여서는 안되는 것은?

① 철탑 ② 철근콘크리트주
③ B종 철주 ④ 목주

해설

시가지 등에서 특고압 가공전선로의 시설

지지물에는 철주·철근콘크리트주 또는 철탑을 사용할 것

정답 37 ③ 38 ② 39 ④

40 특고압 가공전선로를 시가지에 A종 철주를 사용하여 시설하는 경우 경간의 최대는 몇 [m]인가?

① 75 ② 100 ③ 150 ④ 200

해설

시가지에 시설되는 특고압 가공전선로의 경간

지지물의 종류	경간
A종 철주 또는 A종 철근콘크리트주	75[m]
B종 철주 또는 B종 철근콘크리트주	150[m]
철탑	400[m] (단, 전선이 수평으로 2 이상 있는 경우에 전선 상호 간의 간격이 4[m] 미만인 때에는 250[m])

41 시가지에 시설하는 철탑사용 특고압 가공전선로의 전선이 2 이상 수평배치이고 또한 전선 상호 간 간격이 4[m] 미만이면 전선로의 경간은 몇 [m] 이하이어야 하는가?

① 400 ② 350 ③ 300 ④ 250

해설

시가지에 시설되는 특고압 가공전선로의 경간

시가지에 시설되는 철탑의 경우 400[m] 이하로 하여야 하나 수평 2 이상 배치이며 전선 상호 간격이 4[m] 미만이라면 전선로의 경간은 250[m] 이하이어야만 한다.

42 154[kV] 가공전선로를 시가지에 시설하는 경우 특고압 가공전선에 지락 또는 단락이 생기면 몇 초 이내에 자동적으로 이를 전로로부터 차단하는 장치를 시설하는가?

① 1 ② 2 ③ 3 ④ 5

해설

시가지에 시설되는 특고압 가공전선

사용전압이 100[kV]를 초과하는 특고압 가공전선에 지락 또는 단락이 생겼을 때에는 1초 이내에 자동적으로 이를 전로로부터 차단하는 장치를 시설할 것(단 제1종 특고압 보안공사에 의하여 사용전압이 100[kV] 이상인 경우에는 2초 이내에 자동적으로 이것을 전로로부터 차단하는 장치를 시설할 것)

정답 40 ① 41 ④ 42 ①

43 제1종 특고압 보안공사에 의하여 시설한 154[kV] 가공 송전선로는 전선에 지락이 생긴 경우 몇 초 안에 자동적으로 이를 전로로부터 차단하는 장치를 시설하는가?

① 0.5　　② 1.0
③ 2.0　　④ 3.0

해설

시가지에 시설되는 특고압 가공전선

사용전압이 100[kV]를 초과하는 특고압 가공전선에 지락 또는 단락이 생겼을 때에는 1초 이내에 자동적으로 이를 전로로부터 차단하는 장치를 시설할 것(단 제1종 특고압 보안공사에 의하여 사용전압이 100[kV] 이상인 경우에는 2초 이내에 자동적으로 이것을 전로로부터 차단하는 장치를 시설할 것)

44 특고압 가공전선과 지지물, 완금류, 지주 또는 지선 사이의 이격거리는 사용전압이 22.9[kV]라면 일반적으로 몇 [m] 이상이어야만 하는가?

① 0.2　　② 0.3
③ 0.5　　④ 0.8

해설

특고압 가공전선과 지지물 등의 이격거리

특고압 가공전선과 그 지지물・완금류・지주 또는 지선 사이의 이격거리는 표에서 정한 값 이상으로 하여야 한다.

사용전압	이격거리[m]
15[kV] 미만	0.15
15[kV] 이상 25[kV] 미만	0.2
25[kV] 이상 35[kV] 미만	0.25
35[kV] 이상 50[kV] 미만	0.3
50[kV] 이상 60[kV] 미만	0.35
60[kV] 이상 70[kV] 미만	0.4

정답 43 ③ 44 ①

45 공칭 전압 60,000[V]인 특고압 가공전선과 그 지지물, 완금류, 지주 또는 지선과의 이격거리[cm]의 최솟값은?

① 30 ② 40 ③ 65 ④ 90

해설

특고압 가공전선과 지지물 등의 이격거리

사용전압	이격거리[m]
15[kV] 미만	0.15
15[kV] 이상 25[kV] 미만	0.2
25[kV] 이상 35[kV] 미만	0.25
35[kV] 이상 50[kV] 미만	0.3
50[kV] 이상 60[kV] 미만	0.35
60[kV] 이상 70[kV] 미만	0.4

46 사용전압이 380[V]인 저압 보안공사에 사용되는 경동선은 그 지름이 최소 몇[mm] 이상의 것을 사용하여야 하는가?

① 2.0 ② 2.6 ③ 4 ④ 5

해설

저압 보안공사

(1) 400[V] 이하

인장강도 5.26[kN] 이상의 것 또는 지름 4[mm] 이상의 경동선

(2) 400[V] 초과

인장강도 8.01[kN] 이상의 것 또는 지름 5[mm] 이상의 경동선

47 다음 중 고압 보안공사에 사용되는 전선의 기준으로 옳은 것은?

① 케이블인 경우 이외에는 인장강도 8.01[kN] 이상의 것 또는 지름 5[mm] 이상의 경동선일 것
② 케이블인 경우 이외에는 인장강도 8.01[kN] 이상의 것 또는 지름 4[mm] 이상의 경동선일 것
③ 케이블인 경우 이외에는 인장강도 8.71[kN] 이상의 것 또는 지름 5[mm] 이상의 경동선일 것
④ 케이블인 경우 이외에는 인장강도 8.71[kN] 이상의 것 또는 지름 4[mm] 이상의 경동선일 것

해설

고압 보안공사

인장강도 8.01[kN] 이상의 것 또는 지름 5[mm] 이상의 경동선일 것

정답 45 ② 46 ③ 47 ①

48 154[kV] 가공전선로를 제1종 특고압 보안공사에 의하여 시설하는 경우 사용전선은 단면적 몇 [mm^2]의 경동연선 또는 이와 동등 이상의 세기 및 굵기의 연선이어야 하는가?

① 38 ② 55 ③ 100 ④ 150

해설

제1종 특고압 보안공사

전선의 굵기(케이블인 경우 제외)

사용전압	전선
100[kV] 미만	인장강도 21.67[kN] 이상의 연선 또는 단면적 55[mm^2] 이상의 경동연선 또는 동등 이상의 인장강도를 갖는 알루미늄 전선이나 절연전선
100[kV] 이상 300[kV] 미만	인장강도 58.84[kN] 이상의 연선 또는 단면적 150[mm^2] 이상의 경동연선 또는 동등 이상의 인장강도를 갖는 알루미늄 전선이나 절연전선
300[kV] 이상	인장강도 77.47[kN] 이상의 연선 또는 단면적 200[mm^2] 이상의 경동연선 또는 동등 이상의 인장강도를 갖는 알루미늄 전선이나 절연전선

49 제1종 특고압 보안공사로 시설하는 전선로의 지지물로 사용할 수 없는 것은?

① 철탑 ② B종 철주

③ B종 철근콘크리트주 ④ 목주

해설

제1종 특고압 보안공사 사용 지지물

전선로의 지지물에는 B종 철주 · B종 철근콘크리트주 또는 철탑을 사용할 것

50 사용전압이 35,000[V] 이하인 특고압 가공전선이 건조물과 제2차 접근상태로 시설되는 경우, 특고압 가공전선로의 보안공사는?

① 고압 보안공사 ② 제1종 특고압 보안공사

③ 제2종 특고압 보안공사 ④ 제3종 특고압 보안공사

해설

제2종 특고압 보안공사 적용기준

사용전압이 35[kV] 이하인 특고압 가공전선이 건조물과 제2차 접근상태로 시설되는 경우

정답 48 ④ 49 ④ 50 ③

51 제2종 특고압 보안공사의 기술기준으로 옳지 않은 것은?

① 특고압 가공전선은 연선일 것
② 지지물로 사용하는 목주의 풍압하중에 대한 안전율은 2 이상일 것
③ 지지물이 목주일 경우 그 경간은 150[m] 이하일 것
④ 지지물이 A종 철주라면 그 경간은 100[m] 이하일 것

해설

제2종 특고압 보안공사의 기술기준

보안공사	저・고압	제1종 특고압	제2종 특고압	제3종 특고압
목주 및 A종	100[m]	시설불가	100[m]	100[m]
B종	150[m]	150[m]	200[m]	200[m]
철탑	400[m]	400[m]	400[m]	400[m]

지지물이 목주일 경우 그 경간은 100[m] 이하이어야만 한다.

52 특고압 가공전선이 저・고압 가공전선 등과 제2차 접근상태로 시설되는 경우, 특고압 가공전선로는 일반적인 경우 어느 보안공사를 하여야 하는가?

① 고압 보안공사
② 제1종 특고압 보안공사
③ 제2종 특고압 보안공사
④ 제3종 특고압 보안공사

해설

제2종 특고압 보안공사의 시설기준

특고압 가공전선이 저・고압 가공전선 등과 2차 접근상태로 시설 시 제2종 특고압 보안공사에 의하여야 한다.

53 사용전압 22,900[V] 가공전선이 건조물과 제2차 접근상태에 시설되는 경우에는 어느 시설이 기술기준에 적합한가?

① 보안공사가 필요 없다.
② 제1종 특고압 보안공사에 의한다.
③ 제2종 특고압 보안공사에 의한다.
④ 제3종 특고압 보안공사에 의한다.

해설

제2종 특고압 보안공사 적용기준

사용전압이 35[kV] 이하인 특고압 가공전선이 건조물과 제2차 접근상태로 시설되는 경우

정답 51 ③ 52 ③ 53 ③

54 **사용전압이 35,000[V] 이하의 특고압 가공전선이 건조물과 제1차 접근상태에 시설되는 경우에 특고압 가공전선로는 어떤 보안공사를 하여야 하는가?**

① 제4종 특고압 보안공사 ② 제3종 특고압 보안공사
③ 제2종 특고압 보안공사 ④ 제1종 특고압 보안공사

해설
제3종 특고압 보안공사
적용기준 : 특고압 가공전선이 건조물과 제1차 접근상태로 시설되는 경우(35[kV] 이하)

55 **특고압 가공전선로 중 지지물로 직선형의 철탑을 연속하여 10기 이상 사용하는 부분에는 몇 기 이하마다 내장 애자장치가 되어 있는 철탑 또는 이와 동등 이상의 강도를 가지는 철탑 1기를 시설하여야 하는가?**

① 3 ② 5 ③ 8 ④ 10

해설
내장형 철탑의 시설기준
전선로의 지지물 양쪽의 경간의 차가 큰 곳에 사용하는 것(직선형 철탑이 연속하여 10기 이상 시 10기 이하마다 내장형 철탑을 1기씩 건설)

56 **특고압 가공전선로에 사용되는 B종 철주 중 각도형은 전선로 중 최소 몇 도를 넘는 수평 각도를 이루는 곳에 사용되는가?**

① 3 ② 5 ③ 8 ④ 10

해설
각도형 지지물
전선로 중 3도를 초과하는 수평각도를 이루는 곳에 사용하는 것

57 **지지물로 B종 철주, B종 철근콘크리트주 또는 철탑을 사용한 특고압 가공전선로에서 지지를 양쪽의 경간의 차가 큰 곳에 사용하는 것은?**

① 내장형 ② 직선형 ③ 인류형 ④ 보강형

해설
내장형 지지물
전선로의 지지물 양쪽의 경간의 차가 큰 곳에 사용하는 것(직선형 철탑이 연속하여 10기 이상 시 10기 이하마다 내장형 철탑을 1기씩 건설)

정답 54 ② 55 ④ 56 ① 57 ①

58 **저압 가공전선이 위쪽에서 상부 조영재와 접근하는 경우 전선과 상부 조영재 간의 이격거리는 최소 몇 [m] 이상인가?**

① 1 ② 1.5 ③ 2 ④ 2.5

해설

가공전선과 건조물과의 이격거리

저압의 경우 상부 조영재 위쪽에서 접근하는 경우 이격거리는 2[m] 이상이어야만 한다(단, 케이블의 경우 1[m] 이상).

59 **고압 가공전선이 건조물에 접근할 때 조영물 상부 조영재와 상방에 있어서의 이격거리는 몇 [m] 이상인가? (단, 전선은 케이블을 사용하였다.)**

① 0.4 ② 0.8 ③ 1 ④ 2.0

해설

가공전선과 건조물과의 이격거리

고압의 경우 상부조영재 위쪽(상방)에서 접근하는 경우 이격거리는 2[m] 이상으로 하여야만 한다(단, 케이블의 경우 1[m] 이상).

60 **중성점을 다중 접지한 22.9[kV] 3상 4선식 가공전선로를 건조물의 위쪽에서 접근상태로 시설하는 경우, 가공전선과 건조물과의 최소 이격거리는 얼마인가?**

① 1.2[m] ② 2.0[m] ③ 2.5[m] ④ 3.0[m]

해설

가공전선과 건조물과의 이격거리

22.9[kV] 다중접지한 가공전선이 건조물 위쪽 접근 시 최소 이격거리로 나전선은 3[m], 절연전선은 2.5[m], 케이블은 1.2[m] 이상이어야만 한다.

61 **고압 가공전선과 상부 조영재와의 이격거리는 상부 조영재의 옆쪽에서 몇 [m] 이상이어야 하는가?**

① 2.5 ② 2.0 ③ 1.6 ④ 1.2

해설

고압 가공전선과 건조물과의 이격거리

상부 조영재 옆쪽의 경우 1.2[m] 이상 이격시켜야만 한다.

정답 58 ③ 59 ③ 60 ④ 61 ④

62 **어떤 공장에서 22.9[kV]의 케이블 가공전선을 건물 옆쪽에 시설하는 경우에 케이블선과 건물과의 이격거리는 몇 [m] 이상이어야 하는가?**

① 2.0　② 1.2　③ 1.0　④ 0.5

해설

가공전선과 건조물과의 이격거리

22.9[kV] 가공전선이 건물 옆쪽에 시설되는 경우 나전선은 1.5[m], 절연전선은 1.0[m], 케이블은 0.5[m] 이상이어야 한다.

63 **35[kV] 이하의 특고압 가공전선이 건조물과 제1차 접근상태로 시설되는 경우 이격거리는 일반적인 경우 몇 [m] 이상이어야 하는가?**

① 3　② 3.5　③ 4　④ 4.5

해설

특고압 가공전선과 건조물과의 1차 접근상태의 시설

특정 조건이 없다면 35[kV] 이하의 경우 3[m] 이상 이격시켜야만 한다.

64 **시가지에 시설하는 154[kV] 가공전선로를 도로와 제1차 접근상태에 시설하는 경우, 전선과 도로와의 이격거리는 몇 [m] 이상이어야 하는가?**

① 4.4　② 4.8

③ 5.2　④ 5.6

해설

특고압 가공전선과 도로 등의 접근 또는 교차

특고압 가공전선이 도로・횡단보도교・철도 또는 궤도와 제1차 접근상태로 시설되는 경우에는 다음에 따라야 한다.

(1) 특고압 가공전선로는 제3종 특고압 보안공사에 의할 것

(2) 특고압 가공전선과 도로 등 사이의 이격거리

사용전압의 구분	이격거리
35[kV] 이하	3[m]
35[kV] 초과	$3+(x-3.5)\times 0.15$[m]

따라서 $3+(15.4-3.5)\times 0.15=4.8$[m] (단, 괄호부분은 절상한다.)

정답 62 ④　63 ①　64 ②

65 **6,000[V] 가공전선과 안테나가 접근하여 시설될 때 전선과 안테나와의 수평 이격거리는 몇 [cm] 이상이어야 하는가? (단, 가공전선에는 케이블을 사용하지 않는다고 한다.)**

① 40 ② 60
③ 80 ④ 100

해설

가공전선과 안테나와의 이격거리
(1) 저압 – 안테나 : 0.6[m] 이상(단, 전선이 고압 절연전선, 특고압 절연전선 또는 케이블인 경우에는 0.3[m] 이상)
(2) 고압 – 안테나 : 0.8[m] 이상(단, 케이블인 경우에는 0.4[m] 이상)
(3) 25[kV] 이하(다중접지) – 안테나
① 나전선 2[m]
② 절연전선 1.5[m]
③ 케이블 0.5[m]

66 **저압 가공전선 상호 간을 접근 또는 교차하여 시설하는 경우 전선 상호 간 이격거리 및 하나의 저압 가공전선과 다른 저압 가공전선로의 지지물 사이의 이격거리는 각각 몇 [cm] 이상이어야 하는가? (단, 어느 한 쪽의 전선이 고압 절연전선, 특고압 절연전선 또는 케이블이 아닌 경우이다.)**

① 전선 상호 간 : 30, 전선과 지지물 간 : 30
② 전선 상호 간 : 30, 전선과 지지물 간 : 60
③ 전선 상호 간 : 60, 전선과 지지물 간 : 30
④ 전선 상호 간 : 60, 전선과 지지물 간 : 60

해설

가공전선과 가공전선과의 이격거리
저압 – 저압 : 0.6[m] 이상(단, 어느 한 쪽의 전선이 고압 절연전선, 특고압 절연전선 또는 케이블인 경우에는 0.3[m] 이상)
하나의 저압 가공전선과 다른 저압 가공전선로의 지지물 사이의 이격거리는 0.3[m] 이상이어야 한다.

정답 65 ③ 66 ③

67 **저압 가공전선이 다른 저압 가공전선과 접근상태로 시설되거나 교차하여 시설되는 경우에 저압 가공전선 상호 간의 이격거리는 몇 [cm] 이상이어야 하는가? (단, 한쪽의 전선이 고압 절연전선이라고 한다.)**

① 30
② 60
③ 80
④ 100

해설

가공전선과 가공전선과의 이격거리
저압 – 저압 : 0.6[m] 이상(단, 어느 한 쪽의 전선이 고압 절연전선, 특고압 절연전선 또는 케이블인 경우에는 0.3[m] 이상)

68 **고압 가공전선 상호 간 접근 또는 교차하여 시설되는 경우, 고압 가공전선 상호 간의 이격거리는 몇 [cm] 이상이어야 하는가? (단, 고압 가공전선은 모두 케이블이 아니라고 한다.)**

① 50
② 60
③ 70
④ 80

해설

가공전선과 가공전선과의 이격거리
고압 – 저압(또는 고압) : 0.8[m] 이상(단, 고압 가공전선이 케이블인 경우 0.4[m] 이상)
하나의 고압 가공전선과 다른 저압 가공전선로의 지지물 사이의 이격거리는 0.6[m] 이상이어야 한다.

69 **22.9[kV] 배전선로(나전선)와 건조물에 부착된 안테나의 수평 이격거리는 최소 몇 [m] 이상이어야 하는가?**

① 1
② 1.25
③ 1.5
④ 2

해설

가공전선과 안테나와의 이격거리
25[kV] 이하(다중접지) – 안테나
(1) 나전선 : 2[m]
(2) 절연전선 : 1.5[m]
(3) 케이블 : 0.5[m]

정답 67 ① 68 ④ 69 ④

70 특고압 절연전선을 사용한 22,900[V] 가공전선과 안테나와의 최소 이격거리는 몇 [m]인가? (단, 중성선 다중접지식의 것으로 전로에 지기가 생겼을 때, 2초 이내에 자동적으로 이를 전로로부터 차단하는 장치가 되어 있음)

① 1.0　　② 1.2
③ 1.5　　④ 2.0

해설

가공전선과 안테나와의 이격거리
25[kV] 이하(다중접지) – 안테나
(1) 나전선 : 2[m]
(2) 절연전선 : 1.5[m]
(3) 케이블 : 0.5[m]

71 345[kV] 가공전선이 154[kV] 가공전선과 교차하는 경우 이들 양 전선 상호 간의 이격거리는 몇 [m] 이상인가?

① 4.48　　② 4.96
③ 5.48　　④ 5.82

해설

가공전선과 가공전선의 이격거리
- 60[kV] 초과
  $2+(x-6)\times 0.12$
  $2+(34.5-6)\times 0.12=5.48$ ※ 괄호 (　)는 절상한다.

72 6,600[V]의 가공 배전선로와 식물과의 최소 이격거리[m]는?

① 0.3　　② 0.6　　③ 1.0　　④ 접촉하지 않도록 시설

해설

가공전선과 식물 또는 수목과의 이격거리
- 저·고압 – 식물
  저·고압 가공전선은 상시 부는 바람 등에 의하여 식물에 접촉하지 않도록 시설하여야 한다.

정답 70 ③ 71 ③ 72 ④

73 **중성선 다중접지식의 것으로서 전로에 지락이 생겼을 때 2초 이내에 자동적으로 이를 전로로부터 차단하는 장치가 되어 있는 22.9[kV] 가공전선과 식물과의 이격거리는 특별한 경우를 제외하고 몇 [m] 이상으로 하여야 하는가?**

① 1.5 ② 2.0
③ 2.5 ④ 3.0

해설

25[kV] 이하(다중접지) – 식물
특고압 가공전선과 식물 사이의 이격거리는 1.5[m] 이상일 것
다만, 특고압 가공전선이 특고압 절연전선이거나 케이블인 경우로서 특고압 가공전선을 식물에 접촉하지 아니하도록 시설하는 경우에는 그러하지 아니하다.

74 **22.9[kV]의 특고압 케이블과 수목과의 접근 거리[m]는 얼마인가?**

① 1.0 ② 1.5
③ 2.0 ④ 접촉되지 않도록 시설

해설

25[kV] 이하(다중접지) – 식물
특고압 가공전선과 식물 사이의 이격거리는 1.5[m] 이상일 것
다만, 특고압 가공전선이 특고압 절연전선이거나 케이블인 경우로서 특고압 가공전선을 식물에 접촉하지 아니하도록 시설하는 경우에는 그러하지 아니하다.

75 **사용전압이 154[kV]인 가공 송전선이 시설에서 전선과 식물과의 이격거리는 몇 [m] 이상으로 하여야 하는가?**

① 2.8 ② 3.2
③ 3.6 ④ 4.2

해설

가공전선과 식물 또는 수목과의 이격거리

- 60[kV] 초과 – 식물
  $2 + (15.4 - 6) \times 0.12 = 3.2$[m] ※ 괄호 ( )는 절상한다.

정답 73 ① 74 ④ 75 ②

76

동일 지지물에 고·저압을 병가할 때 저압 가공전선은 어디에 시설하여야 하는가?

① 고압 가공전선의 상부에 시설
② 동일 완금에 고압 가공전선과 평행되게 시설
③ 고압 가공전선의 하부에 시설
④ 고압 가공전선의 측면으로 평행되게 시설

해설

저·고압 가공전선의 병행 설치
저압 가공전선을 고압 가공전선의 아래로 하고 별개의 완금류에 시설할 것

77

66[kV] 가공전선과 6[kV] 가공전선을 동일 지지물에 병가하는 경우에 특고압 가공전선의 굵기는 몇 [mm^2] 이상의 경동연선을 사용하여야 하는가?

① 22 ② 38
③ 50 ④ 100

해설

가공전선의 병행 설치
(1) 사용전압이 35[kV]를 초과하고 100[kV] 미만인 특고압 가공전선과 저압 또는 고압 가공전선을 동일 지지물에 시설하는 경우
(2) 특고압 가공전선은 케이블인 경우를 제외하고는 인장강도 21.67[kN] 이상의 연선 또는 단면적이 50[mm^2] 이상인 경동연선일 것

78

22.9[kV] 배전선에 3,300[V] 고압선을 병가 시 상호의 최소 이격거리는 몇 [m]인가?

① 1 ② 1.2
③ 1.5 ④ 2

해설

가공전선의 병행 설치
• 25[kV] 이하(다중접지) 가공전선과 저·고압 가공전선을 병가하여 시설하는 경우 특고압 가공전선과 저압 또는 고압의 가공전선 사이의 이격거리는 1[m] 이상일 것

정답 76 ③ 77 ③ 78 ①

79 **다음 중 사용전압이 35,000[V]를 넘고 100,000[V] 미만인 특고압 가공전선과 저압 또는 고압 가공전선을 동일 지지물에 시설할 수 있는 조건으로 옳지 않은 것은?**

① 특고압 가공전선로는 제2종 특고압 보안공사에 의한다.
② 특고압 가공전선과 고압 또는 저압가공전선과의 이격거리는 0.8[m] 이상으로 한다.
③ 특고압 가공전선은 케이블인 경우를 제외하고 인장강도 21.67[kN] 이상의 연선 또는 단면적이 50[mm^2]인 경동연선을 사용한다.
④ 특고압 가공전선로의 지지물은 철주·철근콘크리트주 또는 철탑이어야 한다.

해설

가공전선의 병행 설치

사용전압이 35[kV]를 초과하고 100[kV] 미만인 특고압 가공전선과 저압 또는 고압 가공전선을 동일 지지물에 시설하는 경우

(1) 특고압 가공전선로는 제2종 특고압 보안공사에 의할 것
(2) 특고압 가공전선과 저압 또는 고압 가공전선 사이의 이격거리는 2[m] 이상일 것
(3) 특고압 가공전선이 케이블인 경우에 저압 가공전선이 절연전선 혹은 케이블인 때 또는 고압 가공전선이 절연전선 혹은 케이블인 때에는 1[m]까지 감할 수 있다.
(4) 특고압 가공전선은 케이블인 경우를 제외하고는 인장강도 21.67[kN] 이상의 연선 또는 단면적이 50[mm^2] 이상인 경동연선일 것
(5) 특고압 가공전선로의 지지물은 철주·철근콘크리트주 또는 철탑일 것

80 **저·고압 가공전선과 가공약전류전선 등을 동일 지지물에 시설하는 경우로서 옳지 않은 방법은?**

① 가공전선을 가공약전류전선 등의 위로 하고 별개의 완금류에 시설할 것
② 전선로의 지지물로 사용하는 목주의 풍압하중에 대한 안전율은 1.5 이상일 것
③ 가공전선과 가공약전류전선 등 사이의 이격거리는 저압과 고압이 모두 75[cm] 이상일 것
④ 가공전선이 가공약전류전선에 대하여 유도작용에 의한 통신상의 장해를 줄 우려가 있는 경우에는 가공전선을 적당한 거리에서 연가할 것

해설

가공전선과 가공약전류전선의 공용설치

저·고압 가공전선과 약전류전선 등의 동일 지지물에 설치

(1) 전선로의 지지물로서 사용하는 목주의 풍압하중에 대한 안전율은 1.5 이상일 것
(2) 가공전선을 가공약전류전선 등의 위로 하고 별개의 완금류에 시설할 것
(3) 저압전선과 가공약전류전선 사이의 이격거리는 0.75[m] 이상
(4) 고압전선과 가공약전류전선 사이의 이격거리는 1.5[m] 이상

정답 79 ② 80 ③

81 **고압 가공전선과 가공약전류전선을 공가할 수 있는 최소 이격거리[m]는?**

① 50 ② 75 ③ 1.5 ④ 2.0

해설

가공전선과 가공약전류전선의 공용설치
- 저·고압 가공전선과 약전류전선 등의 동일 지지물에 설치
  고압전선과 가공약전류전선 사이의 이격거리는 1.5[m] 이상

82 **사용전압이 몇 [V]를 넘는 특고압 가공전선과 가공약전류전선 등은 동일 지지물에 시설하여서는 아니 되는가?**

① 6,600 ② 22,900 ③ 30,000 ④ 35,000

해설

특고압 가공전선과 가공약전류전선 등의 공용설치
사용전압이 35[kV]를 초과하는 특고압 가공전선과 가공약전류전선 등은 동일 지지물에 시설하여서는 아니 된다.

83 **농사용 저압 가공전선로의 전선은 경동선 몇 [mm] 이상의 것을 사용하여야 하는가?**

① 1.6[mm] ② 2.0[mm] ③ 2.6[mm] ④ 3.2[mm]

해설

농사용 저압 가공전선로의 시설(사용전압은 저압일 것)
저압 가공전선은 인장강도 1.38[kN] 이상의 것 또는 지름 2[mm] 이상의 경동선일 것

84 **농사용 저압 가공전선로의 경간은 몇 [m] 이하이어야 하는가?**

① 30 ② 50 ③ 60 ④ 100

해설

농사용 저압 가공전선로의 시설(사용전압은 저압일 것)
전선로의 지지점 간 거리는 30[m] 이하일 것(구내에 시설하는 저압 가공전선로의 경간과 같다.)

정답 81 ③ 82 ④ 83 ② 84 ①

85 **방직공장의 구내도로에 220[V] 조명등용 가공전선로를 시설하고자 한다. 전선로의 경간은 몇 [m] 이하이어야 하는가?**

① 20 ② 30 ③ 40 ④ 50

해설

구내에 시설하는 저압 가공전선로의 경간

전선로의 지지점 간 거리는 30[m] 이하일 것

86 **22.9[kV] 특고압 가공전선로에 있어서 다중접지한 중성선의 시설기준은 다음 중 어느 전선으로 취급하는가?**

① 저압 가공전선 ② 고압 가공전선

③ 특고압 가공전선 ④ 가공 접지선

해설

25[kV] 이하인 특고압 가공전선로의 시설

특고압 가공전선로의 다중접지를 한 중성선은 저압 가공전선의 규정에 준하여 시설할 것

87 **22.9[kV] 3상 4선식 중성선 다중접지식 가공전선로에서 각 접지선을 중성선으로부터 분리하였을 경우 전선과 대지 사이의 합성 전기저항 값은 매 1[km]마다 몇 [Ω] 이하이어야 하는가?**

① 30 ② 25 ③ 20 ④ 15

해설

25[kV] 이하인 특고압 가공전선로의 시설

각 접지도체를 중성선으로부터 분리하였을 경우의 각 접지점의 대지 전기저항 값과 1[km]마다의 중성선과 대지 사이의 합성 전기저항 값

전압	각 접지점의 대지 전기저항 값	1[km]마다의 합성 전기저항 값
15[kV] 이하	300[Ω]	30[Ω]
25[kV] 이하	300[Ω]	15[Ω]

정답 85 ② 86 ① 87 ④

88 지중전선로의 전선으로 사용되는 것은?

① 절연전선 ② 케이블
③ 다심형전선 ④ 나전선

해설

지중전선로는 전선에 케이블을 사용한다.

89 지중전선로의 매설방법이 아닌 것은?

① 관로식 ② 조가식
③ 암거식 ④ 직접 매설식

해설

지중전선로(케이블 사용)
직접 매설식, 관로식, 암거식에 의하여 시설하여야 한다.

90 고압 지중 케이블로서 직접 매설식에 의하여 견고한 트라프 기타 방호물에 넣지 않고 시설할 수 있는 케이블은?

① 미테릴인슈레이션 케이블 ② 콤바인덕트 케이블
③ 클로로프렌외장 케이블 ④ 고무외장 케이블

해설

직접 매설식
지중전선을 견고한 트라프 기타 방호물에 넣어 시설하여야 한다. 다만 저압 또는 고압의 지중전선에 콤바인덕트 케이블을 사용하는 경우 그러하지 아니하다.

91 차량, 기타 중량물의 압력을 받을 우려가 없는 장소에 지중전선을 직접 매설식에 의하여 매설하는 경우에는 매설 깊이를 몇 [cm] 이상으로 하여야 하는가?

① 40 ② 60 ③ 80 ④ 100

해설

직접 매설식
(1) 차량 기타 중량물의 압력을 받을 우려가 있는 장소에는 1[m] 이상
(2) 기타 장소에는 0.6[m] 이상

정답 88 ② 89 ② 90 ② 91 ②

92 **중량물이 통과하는 장소에 비닐외장케이블을 직접 매설식으로 시설하는 경우, 매설 깊이는 최소 몇 [m]인가?**

① 0.8 ② 1.0 ③ 1.2 ④ 1.5

해설

직접 매설식

(1) 차량 기타 중량물의 압력을 받을 우려가 있는 장소에는 1[m] 이상

(2) 기타 장소에는 0.6[m] 이상

93 **지중전선로에 사용하는 지중함의 시설기준이 아닌 것은?**

① 견고하고 차량 기타 중량물의 압력에 견디는 구조일 것

② 그 안의 고인 물을 제거할 수 있는 구조로 되어 있을 것

③ 뚜껑은 시설자 이외의 자가 쉽게 열 수 없도록 시설할 것

④ 조명 및 세척이 가능한 장치를 하도록 할 것

해설

지중함의 시설기준

(1) 지중함은 견고하고 차량 기타 중량물의 압력에 견디는 구조일 것

(2) 지중함은 그 안의 고인 물을 제거할 수 있는 구조로 되어 있을 것

(3) 폭발성 또는 연소성의 가스가 침입할 우려가 있는 것에 시설하는 지중함으로서 그 크기가 1[m^3] 이상인 것에는 통풍장치 및 기타 가스를 방산시키기 위한 적당한 장치를 시설할 것

(4) 지중함의 뚜껑은 시설자 이외의 자가 쉽게 열 수 없도록 시설할 것

94 **폭발성 또는 연소성의 가스가 침입할 우려가 있는 곳에 시설하는 지중전선로의 지중함은 그 크기가 최소 몇 [m^3] 이상인 경우에 통풍장치 기타 가스를 방산시키기 위한 적당한 장치를 시설하여야 하는가?**

① 1 ② 3 ③ 5 ④ 10

해설

지중함의 시설기준

폭발성 또는 연소성의 가스가 침입할 우려가 있는 것에 시설하는 지중함으로서 그 크기가 1[m^3] 이상인 것에는 통풍장치 및 기타 가스를 방산시키기 위한 적당한 장치를 시설할 것

정답 92 ② 93 ④ 94 ①

95 **지중전선로는 기설 지중약전류전선로에 대하여 다음의 어느 것에 의하여 통신상의 장해를 주지 않도록 기설 약전류전선로로부터 충분히 이격시키는 등의 조치를 취하여야 하는가?**

① 충전전류 또는 표피작용 ② 충전전류 또는 유도작용
③ 누설전류 또는 표피작용 ④ 누설전류 또는 유도작용

해설

지중약전류전선의 유도장해 방지

지중전선로는 기설 지중약전류전선로에 대하여 누설전류 또는 유도작용에 의하여 통신상의 장해를 주지 않도록 기설 약전류전선로로부터 충분히 이격시키거나 기타 적당한 방법으로 시설하여야 하다.

96 **고압 지중전선이 지중약전류전선 등과 접근하여 이격거리가 몇 [cm] 이하인 때에는 양전선 사이에 견고한 내화성의 격벽을 설치하는 경우 이외에는 지중전선을 견고한 불연성 또는 난연성의 관에 넣어 그 관이 지중약전류전선 등과 직접 접촉되지 않도록 하여야 하는가?**

① 15 ② 20
③ 25 ④ 30

해설

지중전선과 지중약전류전선과의 접근

(1) 저·고압 - 지중약전류전선 : 0.3[m]

(2) 특고압 - 지중약전류전선 : 0.6[m]

97 **철도·궤도 또는 자동차도의 전용터널 안의 전선로를 시설하는 방법으로 틀린 것은?**

① 저압전선으로 지름 2.0[mm]의 경동선을 사용하였다.
② 고압전선은 케이블공사로 하였다.
③ 저압전선을 애자사용 공사에 의하여 시설하고 이를 레일면상 또는 노면상 2.5[m] 이상으로 하였다.
④ 저압전선을 가요전선관 공사에 의하여 시설하였다.

정답 95 ④ 96 ④ 97 ①

해설

저압 터널 안 전선로

(1) 전선의 굵기
인장강도 2.30[kN] 이상의 절연전선 또는 지름 2.6[mm] 이상의 경동선의 절연전선을 사용

(2) 전선의 높이
애자사용 공사에 의하여 시설하여야 하며 또한 이를 레일면상 또는 노면상 2.5[m] 이상의 높이로 유지할 것

98 터널 내 고압 전선로의 시설에서 경동선의 최소 굵기는 몇 [mm]인가?

① 2 ② 2.6
③ 3.2 ④ 4.0

해설

고압 터널 안 전선로

(1) 전선의 굵기
인장강도 5.26[kN] 이상의 것 또는 지름 4[mm] 이상의 경동선의 고압 절연전선 또는 특고압 절연전선을 사용

(2) 애자사용 공사에 의하여 시설하고 또한 이를 레일면상 또는 노면상 3[m] 이상의 높이로 유지하여 시설

99 교량 위에 시설하는 조명용 저압 가공전선로에 사용되는 경동선의 최소 굵기는 몇 [mm]인가?

① 1.6 ② 2.0
③ 2.6 ④ 3.2

해설

교량에 시설하는 저압 가공전선로

(1) 교량의 윗면에 시설하는 것은 다음에 의하는 이외에 전선의 높이를 교량의 노면상 5[m] 이상으로 하여 시설할 것

(2) 전선의 굵기 : 2.30[kN] 이상의 것 또는 지름 2.6[mm] 이상의 경동선의 절연전선일 것

(3) 전선과 조영재 사이의 이격거리는 전선이 케이블인 경우 이외에는 0.3[m] 이상일 것(케이블인 경우 0.15[m])

정답 98 ④ 99 ③

chapter

04

전력보안통신설비

04 CHAPTER 전력보안통신설비

01 전력보안통신설비의 시설 요구사항

전력보안통신설비의 시설 장소는 다음에 따른다.

(1) 송전선로

① 66[kV], 154[kV], 345[kV], 765[kV] 계통 송전선로 구간(가공, 지중, 해저) 및 안전상 특히 필요한 경우에 전선로의 적당한 곳

② 고압 및 특고압 지중전선로가 시설되어 있는 전력구내에서 안전상 특히 필요한 경우의 적당한 곳

③ 직류 계통 송전선로 구간 및 안전상 특히 필요한 경우의 적당한 곳

(2) 배전선로

① 22.9[kV] 계통 배전선로 구간(가공, 지중, 해저)

② 22.9[kV] 계통에 연결되는 분산전원형 발전소

③ 폐회로 배전 등 신 배전방식 도입 개소

(3) 발전소, 변전소 및 변환소

① 원격 감시제어가 되지 아니하는 발전소 · 원격 감시제어가 되지 아니하는 변전소(이에 준하는 곳으로서 특고압의 전기를 변성하기 위한 곳을 포함한다) · 개폐소, 전선로 및 이를 운용하는 급전소 및 급전분소 간

② 2 이상의 급전소 상호 간과 이들을 총합 운용하는 급전소 간

③ 수력설비 중 필요한 곳, 수력설비의 안전상 필요한 양수소 및 강수량 관측소와 수력발전소 간

④ 동일 수계에 속하고 안전상 긴급 연락의 필요가 있는 수력발전소 상호 간

⑤ 동일 전력계통에 속하고 또한 안전상 긴급연락의 필요가 있는 발전소 · 변전소 및 개폐소 상호 간

⑥ 발전소 · 변전소 및 개폐소와 기술원 주재소 간. 다만, 다음 어느 항목에 적합하고 또한 휴대용 또는 이동용 전력보안통신 전화설비에 의하여 연락이 확보된 경우에는 그러하지 아니하다.

가. 발전소로서 전기의 공급에 지장을 미치지 않는 것

나. 상주감시를 하지 않는 변전소(사용전압이 35[kV] 이하의 것에 한함)로서 그 변전소에 접속되는 전선로가 동일 기술원 주재소에 의하여 운용되는 곳

⑦ 발전소 · 변전소(이에 준하는 곳으로서 특고압의 전기를 변성하기 위한 곳을 포함한다) · 개폐소 · 급전소 및 기술원 주재소와 전기설비의 안전상 긴급 연락의 필요가 있는 기상대 · 측후소 · 소방서 및 방사선 감시계측 시설물 등의 사이

(4) 배전지능화 주장치가 시설되어 있는 배전센터, 전력수급조절을 총괄하는 중앙급전사령실

(5) 전력보안통신 데이터를 중계하거나, 교환시키는 정보통신실

02 전력보안통신케이블 시설기준

(1) 통신케이블의 종류는 광케이블, 동축케이블 및 차폐용 실드케이블(STP) 또는 이와 동등 이상일 것

(2) 통신케이블은 다음과 같이 시공한다.

① 가공 통신케이블은 반드시 조가선에 시설할 것(다만, 통신케이블 자체가 지지 기능을 가진 경우는 조가선을 생략할 수 있다)

② 통신케이블은 강전류전선 또는 가로수나 간판 등 타 공작물과는 법정 최소이격거리를 유지하여 시설할 것(다만, 통신케이블의 법정 이격거리가 부족할 경우에는 절연방호구(보호구)를 시설하거나 경완철 등을 이용하여 편출시공할 수 있다)

(3) 특고압 가공전선로의 지지물에 시설하는 통신선 또는 이에 직접 접속하는 통신선이 도로・횡단보도교・철도의 레일・삭도・가공전선・다른 가공약전류전선 등 또는 교류 전차선 등과 교차하는 경우에는 다음에 따라 시설하여야 한다.

① 통신선이 단면적 16[mm^2](지름 4[mm])의 절연전선과 동등 이상의 절연 효력이 있는 것, 인장강도 8.01[kN] 이상의 것 또는 단면적 25[mm^2](지름 5[mm])의 경동선일 것

② 통신선과 삭도 또는 다른 가공약전류전선 등 사이의 이격거리는 0.8[m](통신선이 케이블 또는 광섬유 케이블일 때는 0.4[m]) 이상으로 할 것

03 조가용선의 시설기준

(1) 조가선은 단면적 38[mm^2] 이상의 아연도강연선을 사용할 것

(2) 시설 높이

항목	통신선 지상고
도로(인도)에 시설 시	5.0[m] 이상
도로 횡단 시	6.0[m] 이상

(3) 조가선 시설방향은 다음과 같다.

① 특고압주 : 특고압 중성도체과 같은 방향

② 저압주 : 저압선과 같은 방향

(4) 조가선의 시설

① 조가선은 설비 안전을 위하여 전주와 전주 경간 중에 접속하지 말 것
② 조가선은 부식되지 않는 별도의 금구를 사용하고 조가선 끝단은 날카롭지 않게 할 것
③ 말단 배전주와 말단 1경간 전에 있는 배전주에 시설하는 조가선은 장력에 견디는 형태로 시설할 것
④ 조가선은 2조까지만 시설할 것
⑤ 과도한 장력에 의한 전주손상을 방지하기 위하여 전주경간 50[m] 기준 0.4[m] 정도의 이도를 반드시 유지하고, 법정 지상고를 준수하여 시공할 것
⑥ +자형 공중교차는 불가피한 경우에 한하여 제한적으로 시공할 수 있다. 다만, T자형 공중교차시공은 할 수 없다.
⑦ 조가선 2개가 시설될 경우에 조가선 간의 이격거리는 0.3[m]를 유지하여야 한다.

04 전력유도 방지

전력보안통신설비는 가공전선로부터의 정전유도작용 또는 전자유도작용에 의하여 사람에게 위험을 줄 우려가 없도록 시설하여야 한다. 다음의 제한값을 초과하거나 초과할 우려가 있는 경우에는 이에 대한 방지조치를 하여야 한다.

(1) **이상 시 유도위험전압** : 650[V](다만, 고장 시 전류제거시간이 0.1초 이상인 경우에는 430[V]로 한다)
(2) **상시 유도위험종전압** : 60[V]
(3) **기기 오동작 유도종전압** : 15[V]
(4) **잡음전압** : 0.5[mV]

05 특고압 가공전선로 첨가설치 통신선의 시가지 인입 제한

(1) 특고압 가공전선로의 지지물에 첨가 설치하는 통신선 또는 이에 직접 접속하는 통신선은 시가지에 시설하는 통신선에 접속하여서는 아니 된다. 다만, 다음에 해당하는 경우에는 그러하지 아니하다.
통신선이 절연전선과 동등 이상의 절연효력이 있고 인장강도 5.26[kN] 이상의 것. 또는 단면적 16[mm^2](지름 4[mm] 이상의 절연전선 또는 광섬유 케이블인 경우에는 그러하지 아니하다.)

06 통신 기기류의 시설

(1) 배전주에 시설되는 광전송장치, 동축장치(수동소자 포함) 등의 기기는 전주로부터 0.5[m] 이상(1.5[m] 이내) 이격하여 승주작업에 장애가 되지 않도록 조가선에 견고하게 고정하여야 한다.
(2) 조가선에 시설되는 모든 기기는 케이블의 추가시설, 철거 및 이설 등에 장애가 되지 않도록 적당한 금구류를 사용하여 견고하게 시설하여야 한다.

(3) 전주 1본에 시설할 수 있는 기기 수량은 조가선 1조당 좌우 각각 1대를 한도로 하되 불가피한 경우는 예외로 시설할 수 있다.

07 전원 공급기의 시설

(1) 전원공급기는 다음에 따라 시설하여야 한다.
① 지상에서 4[m] 이상 유지할 것
② 누전차단기를 내장할 것
③ 시설방향은 인도측으로 시설하며 외함은 접지를 시행할 것

(2) 기기주, 변대주 및 분기주 등 설비 복잡개소에는 전원공급기를 시설할 수 없다. 다만, 현장 여건상 부득이한 경우에는 예외적으로 전원공급기를 시설할 수 있다.

(3) 전원공급기 시설 시 통신사업자는 기기 전면에 명판을 부착하여야 한다.

08 전력선 반송 통신용 결합장치의 보안장치

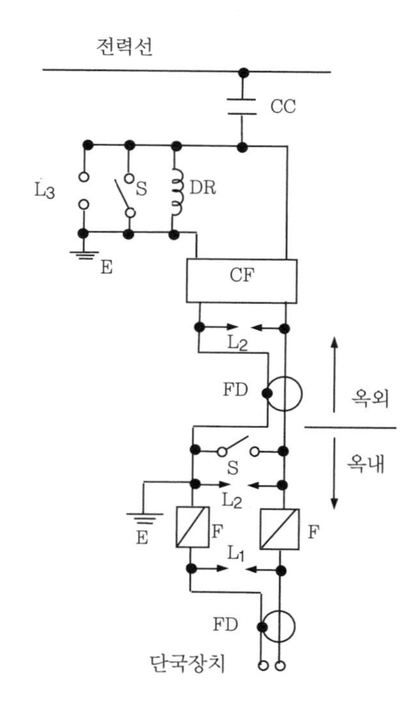

FD : 동축케이블
F : 정격전류 10[A] 이하의 포장 퓨즈
DR : 전류 용량 2[A] 이상의 배류 선륜
L_1 : 교류 300[V] 이하에서 동작하는 피뢰기
L_2 : 동작 전압이 교류 1.3[kV]를 초과하고 1.6[kV] 이하로 조정된 방전갭
L_3 : 동작 전압이 교류 2[kV]를 초과하고 3[kV] 이하로 조정된 구상 방전갭
S : 접지용 개폐기
CF : 결합 필터
CC : 결합 커패시터(결합 안테나를 포함한다)
E : 접지

09 무선용 안테나

(1) 무선용 안테나 등을 지지하는 철탑 등의 시설

① 목주는 풍압하중에 대한 안전율이 1.5 이상이어야 한다.

② 철주·철근콘크리트주 또는 철탑의 기초 안전율은 1.5 이상이어야 한다.

(2) 무선용 안테나 등의 시설 제한

무선용 안테나 등은 전선로의 주위 상태를 감시하거나 배전자동화, 원격검침 등 지능형전력망을 목적으로 시설하는 것 이외에는 가공전선로의 지지물에 시설하여서는 아니 된다.

10 통신설비 설비표시명판 시설기준

(1) 배전주에 시설하는 통신설비의 설비표시명판은 다음에 따른다.

① 직선주는 전주 5경간마다 시설할 것

② 분기주, 인류주는 매 전주에 시설할 것

(2) 지중설비에 시설하는 통신설비의 설비표시명판은 다음에 따른다.

① 관로는 맨홀마다 시설할 것

② 전력구내 행거는 50[m] 간격으로 시설할 것

04 CHAPTER 출제예상문제

01 전력보안 통신용 전화설비를 하여야 하는 곳의 기준으로 옳은 것은?

① 2 이상의 급전소 상호 간과 이들을 총합 운용하는 급전소 간
② 3 이상의 급전소 상호 간과 이들을 총합 운용하는 급전소 간
③ 원격감시제어가 되는 발전소
④ 원격감시제어가 되는 변전소

해설

전력보안통신설비의 시설 요구사항

- 발전소, 변전소 및 변환소
  (1) 원격감시제어가 되지 아니하는 발전소・원격 감시제어가 되지 아니하는 변전소(이에 준하는 곳으로서 특고압의 전기를 변성하기 위한 곳을 포함한다)・개폐소, 전선로 및 이를 운용하는 급전소 및 급전분소 간
  (2) 2 이상의 급전소 상호 간과 이들을 총합 운용하는 급전소 간
  (3) 수력설비 중 필요한 곳, 수력설비의 안전상 필요한 양수소 및 강수량 관측소와 수력발전소 간
  (4) 동일 수계에 속하고 안전상 긴급 연락의 필요가 있는 수력발전소 상호 간
  (5) 동일 전력계통에 속하고 또한 안전상 긴급연락의 필요가 있는 발전소・변전소 및 개폐소 상호 간
  (6) 발전소・변전소 및 개폐소와 기술원 주재소 간
  (7) 발전소・변전소・개폐소・급전소 및 기술원 주재소와 전기설비의 안전상 긴급 연락의 필요가 있는 기상대・측후소・소방서 및 방사선 감시계측 시설물 등의 사이

02 특고압 가공전선로의 지지물에 시설하는 통신선 또는 이에 직접 접속하는 통신선이 도로・횡단보도교・철도・궤도 또는 삭도와 교차하는 경우에는 통신선은 지름 몇 [mm]의 경동선이나 이와 동등 이상의 세기의 것이어야 하는가?

① 4
② 4.5
③ 5
④ 5.5

해설

특고압 가공전선로의 지지물에 시설하는 통신선 또는 이에 직접 접속하는 통신선이 도로・횡단보도교・철도의 레일・삭도・가공전선・다른 가공약전류전선 등 또는 교류 전차선 등과 교차하는 경우에는 다음에 따라 시설하여야 한다.

(1) 통신선이 단면적 16[mm^2](지름 4[mm]의 절연전선과 동등 이상의 절연 효력이 있는 것, 인장강도 8.01[kN] 이상의 것 또는 단면적 25[mm^2](지름 5[mm])의 경동선일 것

정답 01 ① 02 ③

03 **가공전선로의 지지물에 시설하는 통신선과 고압 가공전선과의 이격거리는 몇 [cm] 이상이어야만 하는가?**

① 60 ② 75
③ 100 ④ 120

해설

배전설비와의 이격거리

구분	이격거리
7[kV] 초과	1.2[m] 이상
1[kV] 초과 ~ 7[kV] 이하	0.6[m] 이상
저압 또는 특고압 다중접지 중성도체	0.6[m] 이상

단, 저고압, 특고압 가공전선이 절연전선이고 통신선을 절연전선과 동등 이상의 성능을 사용하는 경우에는 0.3[m] 이상으로 이격하여야 한다.

04 **시가지에 시설하는 통신선은 특고압 가공전선로의 지지물에 시설하여서는 안 된다. 그러나 통신선이 지름 몇 [mm] 이상의 절연전선 또는 이와 동등 이상의 세기 및 절연 효력이 있는 것이면 시설이 가능한가?**

① 4 ② 4.5
③ 5 ④ 5.5

해설

특고압 가공전선로의 지지물에 시설하는 통신선 또는 이에 직접 접속하는 통신선이 도로·횡단보도교·철도의 레일·삭도·가공전선·다른 가공약전류전선 등 또는 교류 전차선 등과 교차하는 경우에는 다음에 따라 시설하여야 한다.

(1) 통신선이 단면적 16[mm^2](지름 4[mm])의 절연전선과 동등 이상의 절연 효력이 있는 것, 인장강도 8.01[kN] 이상의 것 또는 단면적 25[mm^2](지름 5[mm])의 경동선일 것

정답 03 ① 04 ①

05 다음 ( ) 안의 내용으로 옳은 것은?

> "전력보안 통신설비는 가공전선로로부터의 ( )에 의하여 사람에게 위험을 줄 우려가 없도록 시설하여야 한다."

① 정전유도작용 또는 표피작용
② 전자유도작용 또는 표피작용
③ 정전유도작용 또는 전자유도작용
④ 전자유도작용 또는 페란티작용

해설

전력유도 방지

전력보안 통신설비는 가공전선로로부터의 정전유도작용 또는 전자유도작용에 의하여 사람에게 위험을 줄 우려가 없도록 시설하여야 한다.

06 전력보안 통신설비의 무선용 안테나 등을 지지하는 철주, 철근콘크리트주 또는 철탑의 기초 안전율은 얼마 이상이어야 하는가?

① 1.2　② 1.5　③ 1.8　④ 2

해설

무선용 안테나

1) 무선용 안테나 등을 지지하는 철탑 등의 시설
 (1) 목주는 풍압하중에 대한 안전율은 1.5 이상이어야 한다.
 (2) 철주·철근콘크리트주 또는 철탑의 기초 안전율은 1.5 이상이어야 한다.

07 전력보안 통신설비로 무선용 안테나 등의 시설에 관한 설명으로 옳은 것은?

① 항상 가공전선로의 지지물에 시설한다.
② 접지와 공용으로 사용할 수 있도록 시설한다.
③ 전선로의 주위 상태를 감시할 목적으로 시설한다.
④ 피뢰침 설비가 불가능한 개소에 시설한다.

해설

무선용 안테나 등은 전선로의 주위 상태를 감시하거나 배전자동화, 원격검침 등 지능형 전력망을 목적으로 시설하는 것 이외에는 가공전선로의 지지물에 시설하여서는 아니 된다.

정답 05 ③　06 ②　07 ③

08 **전력보안 가공통신선을 횡단보도교 위에 시설하는 경우 그 노면상 높이는 몇 [m] 이상인가? (단, 가공전선로의 지지물에 시설하는 통신선 또는 이에 접속하는 가공통신선은 제외한다.)**

① 3 ② 4 ③ 5 ④ 6

해설

전력보안 통신선의 높이
횡단보도교 위에 시설하는 경우 3[m] 이상

09 **사용전압이 22.9[kV]인 가공전선로의 다중접지한 중성선과 첨가통신선의 이격거리는 몇 [cm] 이상이어야 하는가? (단, 특고압 가공전선로는 중성선 다중접지식의 것으로 전로에 지락이 생긴 경우 2초 이내에 자동적으로 이를 전로로부터 차단하는 장치가 되어 있는 것으로 한다.)**

① 60 ② 75 ③ 100 ④ 120

해설

전력보안 통신선의 이격거리
22.9[kV] 가공전선과 첨가통신선의 경우 0.75[m] 이상 이격시킨다. 다만 중성선의 경우라면 0.6[m] 이상이어야만 한다.

10 **전력보안 가공통신선의 시설 높이에 대한 기준으로 옳은 것은?**

① 철도의 궤도를 횡단하는 경우에는 레일면상 5[m] 이상
② 횡단보도교 위에 시설하는 경우에는 그 노면상 3[m] 이상
③ 도로(차도와 도로의 구별이 있는 도로는 차도) 위에 시설하는 경우에는 지표상 2[m] 이상
④ 교통에 지장을 줄 우려가 없도록 도로(차도와 도로의 구별이 있는 도로는 차도) 위에 시설하는 경우에는 지표상 2[m]까지 감할 수 있다.

해설

전력보안 통신선의 높이 및 이격거리
(1) 가공통신선의 높이

항목	지표상 높이
도로에 시설 시	5.0[m] 이상(단, 교통에 지장을 줄 우려가 없는 경우 4.5[m])
철도 또는 궤도 횡단 시	6.5[m] 이상
횡단보도교 위	3.0[m] 이상

정답 08 ① 09 ① 10 ②

chapter

05

옥내배선

05 CHAPTER 옥내배선

01 저압 옥내배선의 전선

저압 옥내배선의 전선은 다음 중 어느 하나에 적합한 것을 사용하여야 한다.

(1) 단면적 2.5[mm^2] 이상의 연동선 또는 이와 동등 이상의 강도 및 굵기의 것

(2) 옥내배선의 사용전압이 400[V] 이하인 경우로 다음 중 어느 하나에 해당하는 경우에는 그러하지 아니하다.

① 전광표시 장치·기타 이와 유사한 장치 또는 제어 회로 등에 사용하는 배선에 단면적 1.5[mm^2] 이상의 연동선을 사용하고 이를 합성수지관 공사·금속관 공사·금속몰드 공사·금속덕트 공사·플로어 덕트 공사 또는 셀룰러 덕트 공사에 의하여 시설하는 경우

② 전광표시 장치·기타 이와 유사한 장치 또는 제어회로 등의 배선에 단면적 0.75[mm^2] 이상인 다심 케이블 또는 다심 캡타이어 케이블을 사용하고 또한 과전류가 생겼을 때에 자동적으로 전로에서 차단하는 장치를 시설하는 경우

③ 진열장 또는 이와 유사한 것의 내부 배선 등의 단면적 0.75 [mm^2] 이상인 코드 또는 캡타이어 케이블을 사용하는 경우

④ 엘리베이터·덤웨이터 등의 승강로 안의 저압 옥내배선에 의하여 리프트 케이블을 사용하는 경우

02 나전선의 사용제한

옥내에 시설하는 저압전선에는 나전선을 사용하여서는 아니 된다. 다만, 다음 중 어느 하나에 해당하는 경우에는 그러하지 아니하다.

(1) 애자사용 공사에 의하여 전개된 곳에 다음의 전선을 시설하는 경우

① 전기로용 전선

② 전선의 피복 절연물이 부식하는 장소에 시설하는 전선

③ 취급자 이외의 자가 출입할 수 없도록 설비한 장소에 시설하는 전선

(2) 버스덕트 공사에 의하여 시설하는 경우

(3) 라이팅 덕트 공사에 의하여 시설하는 경우

(4) 접촉 전선을 시설하는 경우

03 고주파 전류에 의한 장해의 방지

형광 방전등에는 적당한 곳에 정전용량이 0.006 [㎌] 이상 0.5 [㎌] 이하(예열시동식의 것으로 글로우램프에 병렬로 접속할 경우에는 0.006 [㎌] 이상 0.01 [㎌] 이하인 커패시터를 시설할 것)

04 옥내배선 가능공사

(1) 고압

① 애자사용 공사(건조한 장소로서 전개된 장소에 한함)
② 케이블 공사
③ 케이블 트레이 공사
④ 전선의 굵기 : 전선은 공칭단면적 6[mm^2] 이상의 연동선
⑤ 옥내 고압용 이동전선 : 전선은 고압용의 캡타이어 케이블일 것

(2) 특고압(100[kV] 이하)

① 케이블 공사
② 케이블 트레이 공사(35[kV] 이하)

05 애자공사

(1) 전선은 다음의 경우 이외에는 절연전선(옥외용 비닐 절연전선 및 인입용 비닐 절연전선을 제외한다)일 것

① 전기로용 전선
② 전선의 피복 절연물이 부식하는 장소에 시설하는 전선
③ 취급자 이외의 자가 출입할 수 없도록 설비한 장소에 시설하는 전선

(2) 이격거리

전압	전선상호 이격거리	전선과 조영재 이격거리
400[V] 이하	0.06[m]	25[mm]
400[V] 초과	0.06[m]	45[mm](건조한 장소 25[mm])
고압	0.08[m]	50[mm]

(3) 전선의 지지점 간의 거리는 전선을 조영재의 윗면 또는 옆면에 따라 붙일 경우에는 2[m] 이하일 것

(4) 사용전압이 400[V] 초과인 것은 (3)의 경우 이외에는 전선의 지지점 간의 거리는 6[m] 이하일 것

(5) 사용하는 애자는 절연성·난연성 및 내수성의 것이어야 한다.

06 몰드공사

(1) 합성수지몰드 공사

① 시설조건

가. 전선은 절연전선(옥외용 비닐 절연전선을 제외한다)일 것

나. 합성수지몰드 안에는 전선에 접속점이 없도록 할 것

다. 합성수지몰드는 홈의 폭 및 깊이가 35[mm] 이하의 것일 것. 다만, 사람이 쉽게 접촉할 우려가 없도록 시설하는 경우에는 폭이 50[mm] 이하의 것을 사용할 수 있다.

라. 합성수지몰드 상호 간 및 합성수지 몰드와 박스 기타의 부속품과는 전선이 노출되지 아니하도록 접속할 것

(2) 금속몰드 공사

① 시설조건

가. 전선은 절연전선(옥외용 비닐절연 전선을 제외한다)일 것

나. 금속몰드 안에는 전선에 접속점이 없도록 할 것

다. 400[V] 이하로 옥내 전개된 장소, 점검할 수 있는 은폐장소에 시설할 수 있다.

② 금속몰드 및 박스 기타 부속품의 선정

가. 금속제의 몰드 및 박스 기타 부속품 또는 황동이나 동으로 견고하게 제작한 것으로서 안쪽면이 매끈한 것일 것

나. 황동제 또는 동제의 몰드는 폭이 50[mm] 이하, 두께 0.5[mm] 이상인 것일 것

다. 몰드 상호 간 및 몰드 박스 기타의 부속품과는 견고하고 또한 전기적으로 완전하게 접속할 것

라. 몰드에는 접지공사를 할 것

다만, 다음 중 하나에 해당하는 경우에는 그러하지 아니함

㉠ 몰드의 길이(2개 이상의 몰드를 접속하여 사용하는 경우에는 그 전체의 길이를 말한다)가 4[m] 이하인 것을 시설하는 경우

㉡ 옥내배선의 사용전압이 직류 300[V] 또는 교류 대지 전압이 150[V] 이하로서 그 전선을 넣는 관의 길이가 8[m] 이하인 것을 사람이 쉽게 접촉할 우려가 없도록 시설하는 경우 또는 건조한 장소에 시설하는 경우

07 관공사

(1) 합성수지관 공사

① 시설조건

가. 전선은 절연전선(옥외용 비닐 절연전선을 제외한다)일 것

나. 전선은 연선일 것(다만, 다음의 것은 적용하지 않는다)

㉠ 짧고 가는 합성수지관에 넣은 것
㉡ 단면적 10[mm^2](알루미늄선은 단면적 16[mm^2]) 이하의 것

다. 전선은 합성수지관 안에서 접속점이 없도록 할 것

라. 중량물의 압력 또는 현저한 기계적 충격을 받을 우려가 없도록 시설할 것

② **합성수지관 및 부속품의 선정**

가. 관의 끝부분 및 안쪽 면은 전선의 피복을 손상하지 아니하도록 매끈한 것일 것

나. 두께는 2[mm] 이상일 것

다. 관 상호 간 및 박스와는 관을 삽입하는 깊이를 관의 바깥지름의 1.2배(접착제를 사용하는 경우에는 0.8배) 이상으로 하고 또한 꽂음 접속에 의하여 견고하게 접속할 것

라. 관의 지지점 간 거리는 1.5[m] 이하로 하고, 또한 그 지지점은 관의 끝・관과 박스의 접속점 및 관 상호 간의 접속점 등에 가까운 곳에 시설할 것

마. 습기가 많은 장소 또는 물기가 있는 장소에 시설하는 경우에는 방습 장치를 할 것

(2) 금속관 공사

① 시설조건

가. 전선은 절연전선(옥외용 비닐절연전선을 제외한다)일 것

나. 전선은 연선일 것. 다만, 다음의 것은 적용하지 않는다.
㉠ 짧고 가는 금속관에 넣은 것
㉡ 단면적 10[mm^2](알루미늄선은 단면적 16[mm^2]) 이하의 것

다. 전선은 금속관 안에서 접속점이 없도록 할 것

② **금속관 및 부속품의 선정**

가. 관의 두께는 다음에 의할 것
㉠ 콘크리트에 매설하는 것은 1.2[mm] 이상
㉡ ㉠ 이외의 것은 1[mm] 이상. 다만, 이음매가 없는 길이 4[m] 이하인 것을 건조하고 전개된 곳에 시설하는 경우에는 0.5[mm]까지로 감할 수 있다.

나. 관의 끝부분 및 안쪽 면은 전선의 피복을 손상하지 아니하도록 매끈한 것일 것

다. 관 상호 간 및 관과 박스 기타의 부속품과는 나사접속 기타 이와 동등 이상의 효력이 있는 방법에 의하여 견고하고 또한 전기적으로 완전하게 접속할 것

라. 관의 끝 부분에는 전선의 피복을 손상하지 아니하도록 적당한 구조의 부싱을 사용할 것. 다만, 금속관공사로부터 애자사용공사로 옮기는 경우에는 그 부분의 관 끝부분에는 절연부싱 또는 이와 유사한 것을 사용하여야 한다.

마. 습기가 많은 장소 또는 물기가 있는 장소에 시설하는 경우에는 방습 장치를 할 것

바. 관에는 접지공사를 할 것. 다만, 사용전압이 400[V] 이하로서 다음 중 하나에 해당하는 경우에는 그러하지 아니하다.

㉠ 관의 길이(2개 이상의 관을 접속하여 사용하는 경우에는 그 전체의 길이를 말한다. 이하 같다)가 4[m] 이하인 것을 건조한 장소에 시설하는 경우

㉡ 옥내배선의 사용전압이 직류 300[V] 또는 교류 대지 전압 150[V] 이하로서 그 전선을 넣는 관의 길이가 8[m] 이하인 것을 사람이 쉽게 접촉할 우려가 없도록 시설하는 경우 또는 건조한 장소에 시설하는 경우

(3) 가요전선관 공사

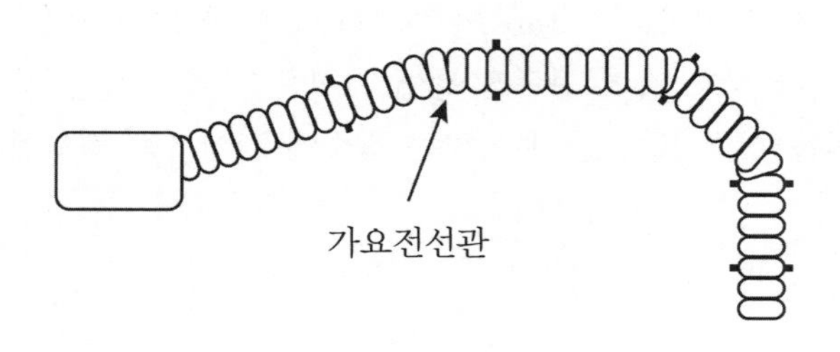

① 시설조건

가. 전선은 절연전선(옥외용 비닐 절연전선을 제외한다)일 것

나. 전선은 연선일 것. 다만, 단면적 10[mm^2](알루미늄선은 단면적 16[mm^2]) 이하인 것은 그러하지 아니하다.

다. 가요전선관 안에는 전선에 접속점이 없도록 할 것

라. 가요전선관은 2종 금속제 가요전선관일 것. 다만, 전개된 장소 또는 점검할 수 있는 은폐된 장소(옥내배선의 사용전압이 400[V] 초과인 경우에는 전동기에 접속하는 부분으로서 가요성을 필요로 하는 부분에 사용하는 것에 한함)에는 1종 가요전선관(습기가 많은 장소 또는 물기가 있는 장소에는 비닐 피복 1종 가요전선관에 한함)을 사용할 수 있다.

② 가요전선관 및 부속품의 시설

가. 관 상호 간 및 관과 박스 기타의 부속품과는 견고하고 또한 전기적으로 완전하게 접속할 것

나. 가요전선관의 끝부분은 피복을 손상하지 아니하는 구조로 되어 있을 것

다. 2종 금속제 가요전선관을 사용하는 경우에 습기 많은 장소 또는 물기가 있는 장소에 시설하는 때에는 비닐 피복 2종 가요전선관일 것

라. 1종 금속제 가요전선관에는 단면적 2.5[mm^2] 이상의 나연동선을 전체 길이에 걸쳐 삽입 또는 첨가하여 그 나연동선과 1종 금속제가요전선관을 양쪽 끝에서 전기적으로 완전하게 접속할 것. 다만, 관의 길이가 4[m] 이하인 것을 시설하는 경우에는 그러하지 아니하다.

마. 가요전선관공사는 접지공사를 할 것

08 덕트공사

(1) 금속덕트 공사

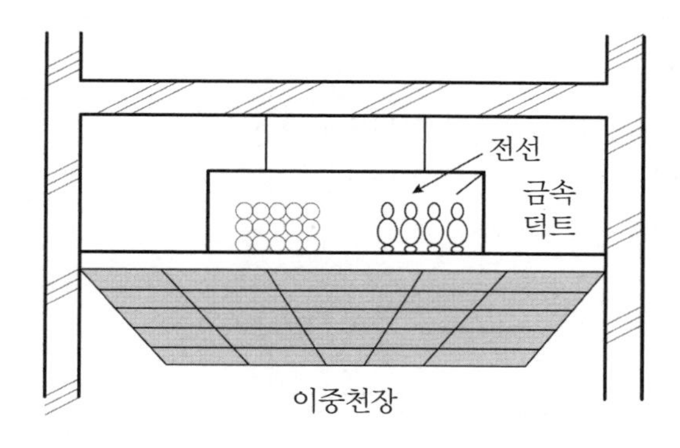

① 시설조건

가. 전선은 절연전선(옥외용 비닐절연전선을 제외한다)일 것

나. 금속덕트에 넣은 전선의 단면적(절연피복의 단면적을 포함한다)의 합계는 덕트의 내부 단면적의 20[%](전광표시 장치·출퇴표시등 기타 이와 유사한 장치 또는 제어회로 등의 배선만을 넣는 경우에는 50[%]) 이하일 것

다. 금속덕트 안에는 전선에 접속점이 없도록 할 것. 다만, 전선을 분기하는 경우에는 그 접속점을 쉽게 점검할 수 있는 때에는 그러하지 아니하다.

라. 금속덕트 안의 전선을 외부로 인출하는 부분은 금속덕트의 관통부분에서 전선이 손상될 우려가 없도록 시설할 것

마. 금속덕트 안에는 전선의 피복을 손상할 우려가 있는 것을 넣지 아니할 것

바. 금속덕트에 의하여 저압 옥내배선이 건축물의 방화 구획을 관통하거나 인접 조영물로 연장되는 경우에는 그 방화벽 또는 조영물 벽면의 덕트 내부는 불연성의 물질로 차폐하여야 함

② 금속덕트 선정

가. 폭이 40[mm] 이상 또한 두께가 1.2[mm] 이상인 철판 또는 동등 이상의 세기를 가지는 금속제의 것으로 견고하게 제작한 것일 것

나. 안쪽 면은 전선의 피복을 손상시키는 돌기가 없는 것일 것

다. 안쪽 면 및 바깥 면에는 산화 방지를 위하여 아연도금 또는 이와 동등 이상의 효과를 가지는 도장을 한 것일 것

③ 금속덕트의 시설

가. 덕트 상호 간은 견고하고 또한 전기적으로 완전하게 접속할 것

나. 덕트를 조영재에 붙이는 경우에는 덕트의 지지점 간의 거리를 3[m](취급자 이외의 자가 출입할 수 없도록 설비한 곳에서 수직으로 붙이는 경우에는 6[m]) 이하로 하고 또한 견고하게 붙일 것
다. 덕트의 본체와 구분하여 뚜껑을 설치하는 경우에는 쉽게 열리지 아니하도록 시설할 것
라. 덕트의 끝부분은 막을 것
마. 덕트 안에 먼지가 침입하지 아니하도록 할 것
바. 덕트는 물이 고이는 낮은 부분을 만들지 않도록 시설할 것
사. 덕트는 접지공사를 할 것

(2) 버스덕트 공사

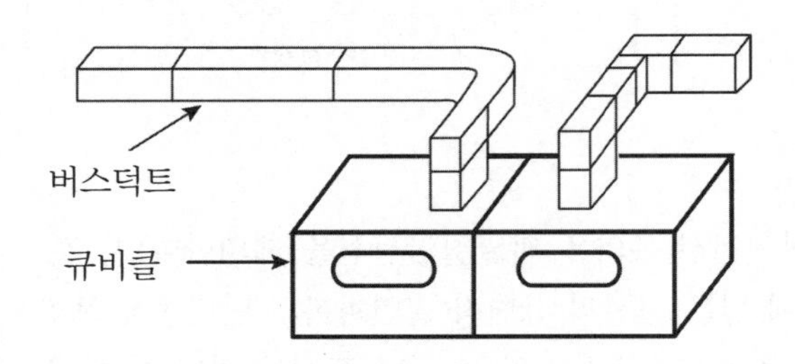

① 시설조건
가. 덕트 상호 간 및 전선 상호 간은 견고하고 또한 전기적으로 완전하게 접속할 것
나. 덕트를 조영재에 붙이는 경우에는 덕트의 지지점 간의 거리를 3[m](취급자 이외의 자가 출입할 수 없도록 설비한 곳에서 수직으로 붙이는 경우에는 6[m]) 이하로 하고 또한 견고하게 붙일 것
다. 덕트(환기형의 것을 제외한다)의 끝부분은 막을 것
라. 덕트(환기형의 것을 제외한다)의 내부에 먼지가 침입하지 아니하도록 할 것
마. 덕트는 접지공사를 할 것
바. 습기가 많은 장소 또는 물기가 있는 장소에 시설하는 경우에는 옥외용 버스덕트를 사용하고 버스덕트 내부에 물이 침입하여 고이지 아니하도록 할 것
② 버스덕트의 선정
가. 도체는 단면적 20[mm^2] 이상의 띠 모양, 지름 5[mm] 이상의 관모양이나 둥글고 긴 막대 모양의 동 또는 단면적 30[mm^2] 이상의 띠 모양의 알루미늄을 사용한 것일 것
나. 도체 지지물은 절연성·난연성 및 내수성이 있는 견고한 것일 것

(3) 라이팅 덕트 공사

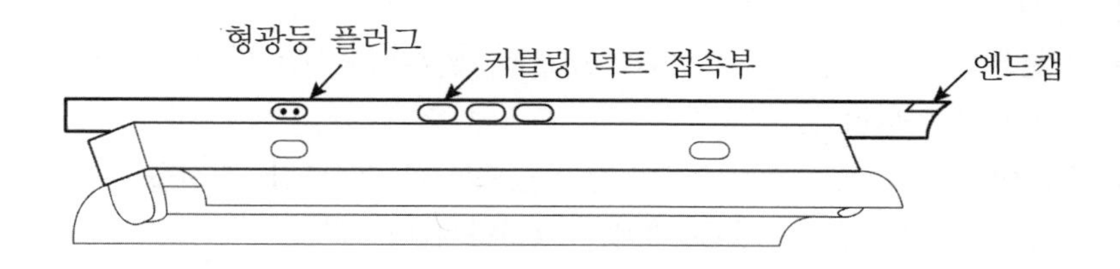

① 시설조건

가. 덕트 상호 간 및 전선 상호 간은 견고하게 또한 전기적으로 완전히 접속할 것

나. 덕트는 조영재에 견고하게 붙일 것

다. 덕트의 지지점 간의 거리는 2[m] 이하로 할 것

라. 덕트의 끝부분은 막을 것

마. 덕트의 개구부는 아래로 향하여 시설할 것. 다만, 사람이 쉽게 접촉할 우려가 없는 장소에서 덕트의 내부에 먼지가 들어가지 아니하도록 시설하는 경우에 한하여 옆으로 향하여 시설할 수 있다.

바. 덕트는 조영재를 관통하여 시설하지 아니할 것

사. 덕트에는 합성수지 기타의 절연물로 금속재 부분을 피복한 덕트를 사용한 경우 이외에는 접지공사를 할 것. 다만, 대지 전압이 150[V] 이하이고 또한 덕트의 길이(2본 이상의 덕트를 접속하여 사용할 경우에는 그 전체 길이를 말한다)가 4[m] 이하인 때는 그러하지 아니하다.

아. 덕트를 사람이 용이하게 접촉할 우려가 있는 장소에 시설하는 경우에는 전로에 지락이 생겼을 때에 자동적으로 전로를 차단하는 장치를 시설할 것

(4) 플로어 덕트 공사

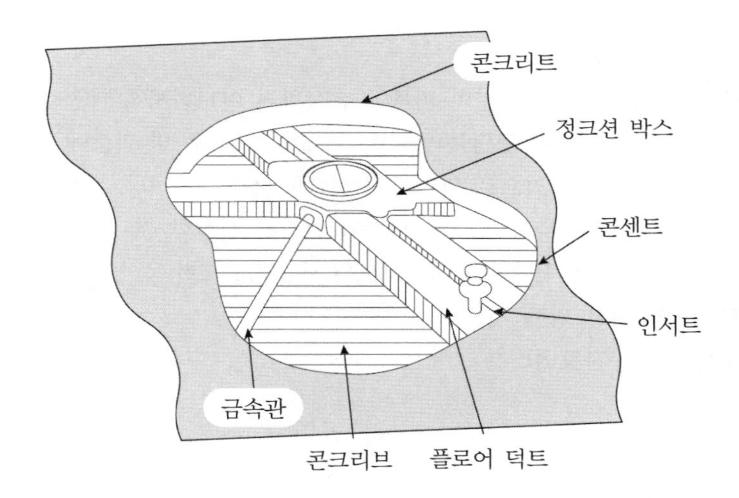

① 시설조건

가. 전선은 절연전선(옥외용 비닐 절연전선을 제외한다)일 것

나. 전선은 연선일 것. 다만, 단면적 10[mm^2](알루미늄선은 단면적 16[mm^2]) 이하인 것은 그러하지 아니하다.

다. 플로어 덕트 안에는 전선에 접속점이 없도록 할 것. 다만, 전선을 분기하는 경우에 접속점을 쉽게 점검할 수 있을 때에는 그러하지 아니하다.

② 플로어 덕트 및 부속품의 시설

가. 덕트 상호 간 및 덕트와 박스 및 인출구와는 견고하고 또한 전기적으로 완전하게 접속할 것

나. 덕트 및 박스 기타의 부속품은 물이 고이는 부분이 없도록 시설하여야 한다.

다. 박스 및 인출구는 마루 위로 돌출하지 아니하도록 시설하고 또한 물이 스며들지 아니하도록 밀봉할 것

라. 덕트의 끝부분은 막을 것

마. 덕트는 접지공사를 할 것

(5) 셀룰러 덕트 공사

① 시설조건

가. 전선은 절연전선(옥외용 비닐 절연전선을 제외한다)일 것

나. 전선은 연선일 것. 다만, 단면적 10[mm^2](알루미늄선은 단면적 16[mm^2]) 이하의 것은 그러하지 아니하다.

다. 셀룰러 덕트 안에는 전선에 접속점을 만들지 아니할 것. 다만, 전선을 분기하는 경우 그 접속점을 쉽게 점검할 수 있을 때에는 그러하지 아니하다.

라. 셀룰러 덕트 안의 전선을 외부로 인출하는 경우에는 그 셀룰러 덕트의 관통 부분에서 전선이 손상될 우려가 없도록 시설할 것

② 셀룰러 덕트 및 부속품의 선정

가. 강판으로 제작한 것일 것

나. 덕트 끝과 안쪽 면은 전선의 피복이 손상하지 아니하도록 매끈한 것일 것

다. 덕트 상호 간, 덕트와 조영물의 금속 구조체, 부속품 및 덕트에 접속하는 금속체와는 견고하게 또한 전기적으로 완전하게 접속할 것

라. 덕트 및 부속품은 물이 고이는 부분이 없도록 시설할 것

마. 인출구는 바닥 위로 돌출하지 아니하도록 시설하고 또한 물이 스며들지 아니하도록 할 것

바. 덕트의 끝부분은 막을 것

사. 덕트는 접지공사를 할 것

09 케이블 공사

(1) 시설조건

① 전선은 케이블 및 캡타이어 케이블일 것

② 중량물의 압력 또는 현저한 기계적 충격을 받을 우려가 있는 곳에 시설하는 케이블에는 적당한 방호 장치를 할 것

③ 전선을 조영재의 아랫면 또는 옆면에 따라 붙이는 경우에는 전선의 지지점 간의 거리를 케이블은 2[m](사람이 접촉할 우려가 없는 곳에서 수직으로 붙이는 경우에는 6[m]) 이하, 캡타이어 케이블은 1[m] 이하로 하고 또한 그 피복을 손상하지 아니하도록 붙일 것

10 케이블 트레이 공사

케이블 트레이 공사는 케이블을 지지하기 위하여 사용하는 금속재 또는 불연성 재료로 제작된 유닛 또는 유닛의 집합체 및 그에 부속하는 부속재 등으로 구성된 견고한 구조물을 말하며 사다리형, 펀칭형, 메시형, 바닥밀폐형 기타 이와 유사한 구조물을 포함하여 적용한다.

(1) 케이블 트레이의 선정

① 수용된 모든 전선을 지지할 수 있는 적합한 강도의 것이어야 한다. 이 경우 케이블 트레이의 안전율은 1.5 이상으로 하여야 한다.

② 지지대는 트레이 자체 하중과 포설된 케이블 하중을 충분히 견딜 수 있는 강도를 가져야 한다.

③ 전선의 피복 등을 손상시킬 돌기 등이 없이 매끈하여야 한다.

④ 금속재의 것은 적절한 방식처리를 한 것이거나 내식성 재료의 것이어야 한다.

⑤ 측면 레일 또는 이와 유사한 구조재를 부착하여야 한다.

⑥ 배선의 방향 및 높이를 변경하는 데 필요한 부속재 기타 적당한 기구를 갖춘 것이어야 한다.

⑦ 비금속제 케이블 트레이는 난연성 재료의 것이어야 한다.

⑧ 케이블이 케이블 트레이 계통에서 금속관, 합성수지관 등 또는 함으로 옮겨가는 개소에는 케이블에 압력이 가하여지지 않도록 지지하여야 한다.

⑨ 별도로 방호를 필요로 하는 배선부분에는 필요한 방호력이 있는 불연성의 커버 등을 사용하여야 한다.

⑩ 케이블 트레이가 방화구획의 벽, 마루, 천장 등을 관통하는 경우에 관통부는 불연성의 물질로 충전하여야 한다.

⑪ 금속제 케이블 트레이 계통은 기계적 및 전기적으로 완전하게 접속하여야 하며 금속제 트레이는 접지공사를 하여야 한다.

11 중성선의 단면적

(1) 중성선의 단면적

① 다음의 경우는 중성선의 단면적이 최소한 선도체의 단면적 이상이어야 한다.

가. 2선식 단상회로

나. 선도체의 단면적이 구리선 16[mm^2], 알루미늄선 25[mm^2] 이하인 다상 회로

다. 제3고조파 및 제3고조파의 홀수배수의 고조파 전류가 흐를 가능성이 높고 전류 종합고조파 왜형률이 15~33[%]인 3상회로

② 다상 회로의 각 선도체 단면적이 구리선 16[mm^2] 또는 알루미늄선 25[mm^2]를 초과하는 경우 다음 조건을 모두 충족한다면 그 중성선의 단면적을 선도체 단면적보다 작게 해도 된다.

가. 통상적인 사용 시에 상(phase)과 제3고조파 전류 간에 회로 부하가 균형을 이루고 있고, 제3고조파 홀수배수 전류가 선도체 전류의 15[%]를 넘지 않는다.

나. 중성선은 과전류에 보호된다.

다. 중선선의 단면적은 구리선 16[mm^2], 알루미늄선 25[mm^2] 이상이다.

12 조명설비

(1) 등기구 설치시 고려사항

① 시동 전류

② 고조파 전류

③ 보상

④ 누설 전류

⑤ 최초 점화 전류

⑥ 전압강하

(2) 가연성 재료와의 이격거리

① 정격용량 100[W] 이하 : 0.5[m]

② 정격용량 300[W] 이하 : 0.8[m]

③ 정격용량 500[W] 이하 : 1.0[m]

④ 정격용량 500[W] 초과 : 1.0[m] 초과

(3) 코드 및 이동전선

코드 또는 이동전선은 단면적 0.75[mm^2] 이상의 코드 또는 캡타이어 케이블을 용도에 따라서 선정하여야 한다.

(4) 콘센트의 시설

① 노출형 콘센트는 기둥과 같은 내구성이 있는 조영재에 견고하게 부착할 것

② 콘센트를 조영재에 매입할 경우는 매입형의 것을 견고한 금속제 또는 난연성 절연물로 된 박스 속에 시설할 것. 다만, 콘센트 자체에 그 단자 등의 충전부가 노출되지 않도록 견고한 난연성절연물의 외함을 가지는 것은 벽에 견고하게 부착할 때에 한하여 박스 사용을 생략할 수 있다.

③ 콘센트를 바닥에 시설하는 경우는 방수구조의 플로어 박스에 설치하거나 또는 이들 박스의 표면 플레이트에 틀어서 부착할 수 있도록 된 콘센트를 사용할 것

④ 욕조나 샤워시설이 있는 욕실 또는 화장실 등 인체가 물에 젖어있는 상태에서 전기를 사용하는 장소에 콘센트를 시설하는 경우에는 다음에 따라 시설하여야 한다.

가. 인체감전보호용 누전차단기(정격감도전류 15[mA] 이하, 동작시간 0.03초 이하의 전류동작형의 것에 한함) 또는 절연변압기(정격용량 3[kVA] 이하인 것에 한함)로 보호된 전로에 접속하거나, 인체감전보호용 누전차단기가 부착된 콘센트를 시설하여야 한다.

나. 콘센트는 접지극이 있는 방적형 콘센트를 사용하여 접지하여야 한다.

(5) 점멸기의 시설

① 조명용 전등을 설치할 때에는 다음에 의하여 타임스위치를 시설하여야 한다.

가. 「관광진흥법」과 「위생관리법」에 의한 관광숙박업 또는 숙박업(여인숙업을 제외한다)에 이용되는 객실의 입구등은 1분 이내에 소등되는 것

나. 일반주택 및 아파트 각 호실의 현관등은 3분 이내에 소등되는 것

(6) 진열장 또는 이와 유사한 것의 내부 배선

① 건조한 장소에 시설하고 또한 내부를 건조한 상태로 사용하는 진열장 또는 이와 유사한 것의 내부에 사용전압이 400[V] 이하의 배선을 외부에서 잘 보이는 장소에 한하여 코드 또는 캡타이어 케이블로 직접 조영재에 밀착하여 배선할 수 있다.

② 배선은 단면적 0.75[mm^2] 이상의 코드 또는 캡타이어 케이블일 것

(7) 옥외등

① 사용전압

옥외등에 전기를 공급하는 전로의 사용전압은 대지전압을 300[V] 이하로 하여야 한다.

② 분기회로

가. 옥외등과 옥내등을 병용하는 분기회로는 20[A] 과전류 차단기(배선용 차단기 포함) 분기회로로 할 것

③ 옥외등의 인하선

옥외등 또는 그의 점멸기에 이르는 인하선은 사람의 접촉과 전선피복의 손상을 방지하기 위하여 다음 배선방법으로 시설하여야 한다.

가. 애자 공사(지표상 2[m] 이상의 높이에서 노출된 장소에 시설할 경우에 한함)

나. 금속관 공사

다. 합성수지관 공사

라. 케이블 공사

(8) 전주의 외등

① 적용 범위

대지전압 300[V] 이하의 형광등, 고압 방전등, LED등 등을 배전선로의 지지물 등에 시설하는 경우에 적용한다.

② 배선

단면적 2.5[mm^2] 이상의 절연전선 또는 이와 동등 이상의 절연효력이 있는 것을 사용하고 다음 배선방법 중에서 시설하여야 한다.

가. 케이블 공사

나. 합성수지관 공사

다. 금속관 공사

③ 지지점 간의 거리

1.5[m] 이내마다 새들 또는 밴드로 지지

(9) 1[kV] 이하 방전등

① 적용 범위

방전등에 전기를 공급하는 전로의 대지전압은 300[V] 이하로 하여야 하며, 다음에 의하여 시설하여야 한다. 다만, 대지전압이 150[V] 이하의 것은 적용하지 않는다.

가. 방전등은 사람이 접촉될 우려가 없도록 시설할 것

나. 방전등용 안정기는 옥내배선과 직접 접속하여 시설할 것

② 관등회로의 배선

공칭단면적 2.5[mm^2] 이상의 연동선

③ 진열장 또는 이와 유사한 것의 내부 관등회로 배선

가. 전선은 형광등 전선을 사용할 것

나. 전선에는 방전등용 안정기의 리드선 또는 방전등용 소켓 리드선과의 접속점 이외에는 접속점을 만들지 말 것

다. 전선의 접속점은 조영재에서 이격하여 시설할 것

라. 전선은 건조한 목재·석재 등 기타 이와 유사한 절연성이 있는 조영재에 그 피복을 손상하지 아니하도록 적당한 기구로 붙일 것

마. 전선의 부착점 간의 거리는 1[m] 이하로 하고 배선에는 전구 또는 기구의 중량을 지지하지 않도록 할 것

(10) 네온방전등

네온방전등에 공급하는 전로의 대지전압은 300[V] 이하로 하여야 하며, 다음에 의하여 시설하여야 한다. 다만, 네온방전등에 공급하는 전로의 대지전압이 150[V] 이하인 경우는 적용하지 않는다.

① 네온관은 사람이 접촉될 우려가 없도록 시설할 것

② 네온변압기는 옥내배선과 직접 접촉하여 시설할 것

(11) 네온변압기

① 네온변압기는 2차측을 직렬 또는 병렬로 접속하여 사용하지 말 것. 다만, 조광장치 부착과 같이 특수한 용도에 사용되는 것은 적용하지 않는다.

② 네온변압기를 우선 외에 시설할 경우는 옥외형의 것을 사용할 것

(12) 관등회로의 배선은 애자사용 공사

전선은 자기 또는 유리제 등의 애자로 견고하게 지지하여 조영재의 아랫면 또는 옆면에 부착하고 또한 다음과 같이 시설할 것

① 전선 상호간의 이격거리는 60[mm] 이상일 것

② 전선과 조영재와의 이격거리

전압 구분	이격거리
6[kV] 이하	20[mm] 이상
6[kV] 초과 9[kV] 이하	30[mm] 이상
9[kV] 초과	40[mm] 이상

③ 전선지지점 간의 거리는 1[m] 이하로 할 것

④ 애자는 절연성·난연성 및 내수성이 있는 것일 것

(13) 출퇴표시등

출퇴표시등 회로에 전기를 공급하기 위한 절연변압기의 사용전압은 1차측 전로의 대지전압을 300[V] 이하, 2차측 전로를 60[V] 이하로 하여야 한다.

(14) 수중조명등

① 사용전압

수영장 기타 이와 유사한 장소에 사용하는 수중조명등(이하 "수중조명등"이라 한다)에 전기를 공급하기 위해서는 절연변압기를 사용하고, 그 사용전압은 다음에 의하여야 한다.

가. 절연변압기의 1차측 전로의 사용전압은 400[V] 이하일 것

나. 절연변압기의 2차측 전로의 사용전압은 150[V] 이하일 것

② 전원장치

수중조명등에 전기를 공급하기 위한 절연변압기는 다음에 적합한 것이어야 한다.

가. 절연변압기의 2차측 전로는 접지하지 말 것

③ 접지

수중조명등의 절연변압기는 그 2차측 전로의 사용전압이 30[V] 이하인 경우는 1차권선과 2차권선 사이에 금속제의 혼촉방지판을 설치하고 접지공사를 한다.

④ 누전차단기의 설치

수중조명등 절연변압기의 2차측 전로의 사용전압이 30[V]를 초과하는 경우에는 그 전로에 지락이 생겼을 때에 자동적으로 전로를 차단하는 정격감도전류 30[mA] 이하의 누전차단기를 시설하여야 한다.

(15) 교통 신호등

① 사용전압

교통신호등 제어장치의 2차측 배선의 최대 사용전압은 300[V] 이하이어야 한다.

② 전선

공칭단면적 2.5[mm^2] 연동선과 동등 이상의 세기 및 굵기의 450/750[V] 일반용 단심 비닐절연전선 또는 450/750[V] 내열성 에틸렌아세테이트 고무절연전선일 것

③ 누전차단기

교통신호등 회로의 사용전압이 150[V]를 넘는 경우는 전로에 지락이 생겼을 경우 자동적으로 전로를 차단하는 누전차단기를 시설할 것

13 비상용 예비전원설비

(1) 적용범위

① 이 규정은 상용전원이 정전되었을 때 사용하는 비상용 예비전원설비를 수용장소에 시설하는 것에 적용하여야 한다.

② 비상용 예비전원으로 발전기 또는 이차전지 등을 이용한 전기저장장치 및 이와 유사한 설비를 시설하는 경우에는 해당 설비에 관련된 규정을 적용하여야 한다.

(2) 공급 방법

① 수동 전원공급
② 자동 전원공급

(3) 자동 전원공급의 절환시간

① 무순단 : 과도시간 내에 전압 또는 주파수 변동 등 정해진 조건에서 연속적인 전원공급이 가능한 것
② 순단 : 0.15초 이내 자동 전원공급이 가능한 것
③ 단시간 차단 : 0.5초 이내 자동 전원공급이 가능한 것
④ 보통 차단 : 5초 이내 자동 전원공급이 가능한 것
⑤ 중간 차단 : 15초 이내 자동 전원공급이 가능한 것
⑥ 장시간 차단 : 자동 전원공급이 15초 이후에 가능한 것

(4) 상용전원의 정전으로 비상용전원이 대체되는 경우에는 상용전원과 병렬운전이 되지 않도록 다음 중 하나 또는 그 이상의 조합으로 격리조치를 하여야 한다.

① 조작기구 또는 절환 개폐장치의 제어회로 사이의 전기적, 기계적 또는 전기 기계적 연동
② 단일 이동식 열쇠를 갖춘 잠금 계통
③ 차단-중립-투입의 3단계 절환 개폐장치
④ 적절한 연동기능을 갖춘 자동 절환 개폐장치
⑤ 동등한 동작을 보장하는 기타 수단

14 특수 시설

(1) 전기울타리

① 적용기준

전기울타리는 목장·논밭 등 옥외에서 가축의 탈출 또는 야생짐승의 침입을 방지하기 위하여 시설하는 경우를 제외하고는 시설해서는 안 된다.

② 사용전압

전기울타리용 전원장치에 전원을 공급하는 전로의 사용전압은 250[V] 이하이어야 한다.

③ 시설기준

가. 전기울타리는 사람이 쉽게 출입하지 아니하는 곳에 시설할 것
나. 전선은 인장강도 1.38[kN] 이상의 것 또는 지름 2[mm] 이상의 경동선일 것
다. 전선과 이를 지지하는 기둥 사이의 이격거리는 25[mm] 이상일 것
라. 전선과 다른 시설물(가공전선을 제외한다) 또는 수목과의 이격거리는 0.3[m] 이상일 것

④ 위험표지

위험표시판은 다음과 같이 시설하여야 한다.

가. 크기는 100[mm] × 200[mm] 이상일 것

나. 경고판 양쪽면의 배경색은 노란색일 것

다. 경고판 위에 있는 글자색은 검은색이어야 하고, 글자는 "감전주의 : 전기울타리"일 것

라. 글자는 지워지지 않아야 하고 경고판 양쪽에 새겨져야 하며, 크기는 25[mm] 이상일 것

(2) 전기욕기

① 전원장치

전기욕기에 전기를 공급하기 위한 전기욕기용 전원장치(내장되는 전원 변압기의 2차측 전로의 사용전압이 10[V] 이하의 것에 한함)에 의한 안전기준에 적합하여야 한다.

② 2차 배선

전기욕기용 전원장치로부터 욕기 안의 전극까지의 배선은 공칭단면적 2.5[mm^2] 이상의 연동선과 이와 동등 이상의 세기 및 굵기의 절연전선

③ 전극의 시설

욕기 내의 전극 간의 거리는 1[m] 이상일 것

(3) 전기온상 등

전기온상 등(식물의 재배 또는 양잠·부화·육추 등의 용도로 사용하는 전열장치를 말한다)

① 발열선의 시설기준

가. 발열선 및 발열선에 직접 접속하는 전선은 전기온상선일 것

나. 발열선은 그 온도가 80[℃]를 넘지 않도록 시설할 것

다. 발열선 및 발열선에 직접 접속하는 전선은 손상을 받을 우려가 있는 경우에는 적당한 방호장치를 할 것

라. 발열선은 다른 전기설비·약전류전선 등 또는 수관·가스관이나 이와 유사한 것에 전기적·자기적 또는 열적인 장해를 주지 않도록 시설할 것

② 공중에 시설되는 발열선의 기준

가. 발열선은 사람이 쉽게 접촉할 우려가 없도록 시설할 것. 다만, 취급자 이외의 사람이 출입할 수 없도록 설비된 곳에 시설하는 경우에는 그러하지 아니하다.

나. 발열선은 노출장소에 시설할 것

다. 발열선 상호 간의 간격은 0.03[m](함 내에 시설하는 경우는 0.02[m]) 이상일 것. 다만, 발열선을 함 내에 시설하는 경우로서 발열선 상호 간의 사이에 0.4[m] 이하마다 절연성·난연성 및 내수성이 있는 격벽을 설치하는 경우는 그 간격을 0.015[m]까지 감할 수 있다.

라. 발열선과 조영재 사이의 이격거리는 0.025[m] 이상으로 할 것
마. 발열선을 함 내에 시설하는 경우는 발열선과 함의 구성재(構成材) 사이의 이격거리를 0.01[m] 이상으로 할 것
바. 발열선의 지지점 간의 거리는 1[m] 이하일 것. 다만, 발열선 상호 간의 간격이 0.06[m] 이상인 경우에는 2[m] 이하로 할 수 있다.
사. 애자는 절연성·난연성 및 내수성이 있는 것일 것

(4) 도로 등의 전열장치

발열선을 도로(농로 기타 교통이 빈번하지 아니하는 도로 및 횡단보도교를 포함한다), 주차장 또는 조영물의 조영재에 고정시켜 시설하는 경우에는 다음에 따라야 한다.
① 발열선에 전기를 공급하는 전로의 대지전압은 300[V] 이하일 것
② 발열선은 미네럴인슈레이션(MI) 케이블 등 규정된 발열선으로서 노출 사용하지 아니하는 것은 B종 발열선을 사용
③ 발열선은 사람이 접촉할 우려가 없고 또한 손상을 받을 우려가 없도록 콘크리트 기타 견고한 내열성이 있는 것 안에 시설할 것
④ 발열선은 그 온도가 80[℃]를 넘지 아니하도록 시설할 것. 다만, 도로 또는 옥외주차장에 금속피복을 한 발열선을 시설할 경우에는 발열선의 온도를 120[℃] 이하로 할 수 있다.

(5) 전격살충기

① 시설기준
가. 전격살충기는 「전기용품 및 생활용품 안전관리법」의 적용을 받는 것일 것
나. 전격살충기의 전격격자는 지표 또는 바닥에서 3.5[m] 이상의 높은 곳에 시설할 것. 다만, 2차측 개방 전압이 7[kV] 이하의 절연변압기를 사용하고 또한 보호격자의 내부에 사람의 손이 들어갔을 경우 또는 보호격자에 사람이 접촉될 경우 절연변압기의 1차측 전로를 자동적으로 차단하는 보호장치를 시설한 것은 지표 또는 바닥에서 1.8[m]까지 감할 수 있다.
다. 전격살충기의 전격격자와 다른 시설물(가공전선은 제외한다) 또는 식물과의 이격거리는 0.3[m] 이상일 것
라. 전격살충기를 시설한 장소는 위험표시를 하여야 한다.
마. 전격살충기에 전기를 공급하는 전로는 전용의 개폐기를 전격살충기에 가까운 장소에서 쉽게 개폐할 수 있도록 시설하여야 한다.

(6) 유희용 전차

유희용 전차(유원지·유회장 등의 구내에서 유희용으로 시설하는 것을 말한다)에 전기를 공급하기 위하여 사용하는 변압기의 1차 전압은 400[V] 이하이어야 한다.

① **전원장치**

유희용 전차에 전기를 공급하는 전원장치는 다음에 의하여 시설하여야 한다.

가. 전원장치의 2차측 단자의 최대사용전압은 직류의 경우 60[V] 이하, 교류의 경우 40[V] 이하일 것

나. 전원장치의 변압기는 절연변압기일 것

② **전로의 절연**

가. 유희용 전차에 전기를 공급하는 접촉전선과 대지 사이의 절연저항은 사용전압에 대한 누설전류가 레일의 연장 1[km]마다 100[mA]를 넘지 않도록 유지하여야 한다.

나. 유희용 전차안의 전로와 대지 사이의 절연저항은 사용전압에 대한 누설전류가 규정 전류의 5,000분의 1을 넘지 않도록 유지하여야 한다.

(7) 전기 집진장치

변압기로부터 정류기에 이르는 전선 및 정류기로부터 전기집진 응용장치에 이르는 전선은 다음에 의하여 시설하여야 한다. 다만, 취급자 이외의 사람이 출입할 수 없도록 설비한 장소에 시설하는 경우에는 그러하지 아니하다.

① 전선은 케이블을 사용하여야 한다.

② 케이블은 손상을 받을 우려가 있는 곳에 시설하는 경우에는 적당한 방호장치를 하여야 한다.

③ 이동전선은 충전부분에 사람이 접촉할 경우에 사람에게 위험을 줄 우려가 없는 전기집진 응용장치에 부속하는 이동전선 이외에는 시설하지 말아야 한다.

(8) 아크 용접기

가반형의 용접 전극을 사용하는 아크 용접장치는 다음에 따라 시설하여야 한다.

① 용접변압기는 절연변압기일 것

② 용접변압기의 1차측 전로의 대지전압은 300[V] 이하일 것

③ 용접변압기의 1차측 전로에는 용접 변압기에 가까운 곳에 쉽게 개폐할 수 있는 개폐기를 시설할 것

(9) 소세력 회로

전자 개폐기의 조작회로 또는 초인벨·경보벨 등에 접속하는 전로로서 최대 사용전압이 60[V] 이하인 것(최대사용전류가, 최대 사용전압이 15[V] 이하인 것은 5[A] 이하, 최대 사용전압이 15[V]를 초과하고 30[V] 이하인 것은 3[A] 이하, 최대 사용전압이 30[V]를 초과하는 것은 1.5[A] 이하인 것에 한함)

① **사용전압**

소세력 회로에 전기를 공급하기 위한 절연변압기의 사용전압은 대지전압 300[V] 이하로 하여야 한다.

② 전원장치

소세력 회로에 전기를 공급하기 위한 변압기는 절연변압기이어야 한다.

소세력 회로의 최대 사용전압의 구분	2차 단락전류	과전류 차단기의 정격전류
15[V] 이하	8[A]	5[A]
15[V] 초과 30[V] 이하	5[A]	3[A]
30[V] 초과 60[V] 이하	3[A]	1.5[A]

(10) 임시시설

① 옥내의 임시시설

가. 사용전압은 400[V] 이하일 것

나. 건조하고 전개된 장소에 시설할 것

다. 전선은 절연전선(옥외용 비닐절연전선을 제외한다)일 것

② 옥측의 시설

가. 사용전압은 400[V] 이하일 것

나. 전선은 절연전선(옥외용 비닐절연전선을 제외한다)일 것

③ 옥외에 시설

가. 사용전압은 150[V] 이하일 것

나. 전선은 절연전선(옥외용 비닐절연전선을 제외한다)일 것

다. 수목 등의 동요로 인하여 전선이 손상될 우려가 있는 곳에 설치하는 경우는 적당한 방호시설을 할 것

라. 전원측의 전선로 또는 다른 배선에 접속하는 곳의 가까운 장소에 지락 차단장치 · 전용 개폐기 및 과전류 차단기를 각 극(과전류 차단기는 다선식 전로의 중성극을 제외한다)에 시설할 것

(11) 전기부식방지 시설

전기부식방지 시설은 지중 또는 수중에 시설하는 금속체의 부식을 방지하기 위해 지중 또는 수중에 시설하는 양극과 피방식체간에 방식 전류를 통하는 시설을 말하며 다음에 따라 시설하여야 한다.

① 전기 부식 방지설비 회로의 전압

가. 전기부식방지 회로의 사용전압은 직류 60[V] 이하일 것

나. 양극은 지중에 매설하거나 수중에서 쉽게 접촉할 우려가 없는 곳에 시설할 것

다. 지중에 매설하는 양극의 매설 깊이는 0.75[m] 이상일 것

라. 수중에 시설하는 양극과 그 주위 1[m] 이내의 거리에 있는 임의점과의 사이의 전위차는 10[V]를 넘지 아니할 것. 다만, 양극의 주위에 사람이 접촉되는 것을 방지하기 위하여

적당한 울타리를 설치하고 또한 위험 표시를 하는 경우에는 그러하지 아니하다.

마. 지표 또는 수중에서 1[m] 간격의 임의의 2점간의 전위차가 5[V]를 넘지 아니할 것

(12) 분진의 위험장소

① 폭연성 분진

폭연성 분진(마그네슘 · 알루미늄 · 티탄 · 지르코늄 등의 먼지가 쌓여있는 상태에서 불이 붙었을 때에 폭발할 우려가 있는 것을 말한다) 또는 화약류의 분말이 전기설비가 발화원이 되어 폭발할 우려가 있는 곳에 시설하는 저압 옥내 전기설비(사용전압이 400[V] 초과인 방전등을 제외한다)

가. 금속관 공사

나. 케이블 공사

② 가연성 분진

가연성 분진(소맥분 · 전분 · 유황 기타 가연성의 먼지로 공중에 떠다니는 상태에서 착화하였을 때에 폭발할 우려가 있는 것을 말하며 폭연성 분진을 제외한다)에 전기설비가 발화원이 되어 폭발할 우려가 있는 곳에 시설하는 저압 옥내 전기설비

가. 합성수지관 공사(두께 2[mm] 미만의 합성수지 전선관 및 난연성이 없는 콤바인 덕트관을 사용하는 것을 제외한다)

나. 금속관 공사

다. 케이블 공사

(13) 위험물 등이 존재하는 장소

셀룰로이드 · 성냥 · 석유류 기타 타기 쉬운 위험한 물질을 제조하거나 저장하는 곳에 시설하는 저압 옥내 전기설비

① 합성수지관 공사

② 금속관 공사

③ 케이블 공사

(14) 화약류 저장소 등의 위험장소

화약류 저장소 안에는 전기설비를 시설해서는 안 된다. 다만, 백열전등이나 형광등 또는 이들에 전기를 공급하기 위한 전기설비는 다음에 의하여 시설한다.

① 전로에 대지전압은 300[V] 이하일 것

② 전기기계기구는 전폐형의 것일 것

③ 케이블을 전기기계기구에 인입할 때에는 인입구에서 케이블이 손상될 우려가 없도록 시설할 것

(15) 전시회, 쇼 및 공연장의 전기설비

전시회, 쇼 및 공연장 기타 이들과 유사한 장소에 시설하는 저압전기설비에 적용한다.

① 무대・무대마루 밑・오케스트라 박스・영사실 기타 사람이나 무대 도구가 접촉할 우려가 있는 곳에 시설하는 저압 옥내배선, 전구선 또는 이동전선은 사용전압이 400[V] 이하이어야 한다.

② 배선용 케이블은 구리 도체로 최소 단면적이 1.5[mm^2] 이상

③ 무대마루 밑에 시설하는 전구선은 300/300[V] 편조 고무코드 또는 0.6/1[kV] EP 고무 절연 클로로프렌 캡타이어 케이블이어야 한다.

④ 조명기구가 바닥으로부터 높이 2.5[m] 이하에 시설되거나 과실에 의해 접촉이 발생할 우려가 있는 경우에는 적절한 방법으로 견고하게 고정시키고 사람의 상해 또는 물질의 발화위험을 방지할 수 있는 위치에 설치하거나 방호하여야 한다.

⑤ 무대・무대마루 밑・오케스트라 박스 및 영사실의 전로에는 전용 개폐기 및 과전류 차단기를 시설하여야 한다.

⑥ 비상 조명을 제외한 조명용 분기회로 및 정격 32[A] 이하의 콘센트용 분기회로는 정격 감도전류 30[mA] 이하의 누전차단기로 보호하여야 한다.

(16) 터널, 갱도 기타 이와 유사한 장소

① 사람이 상시 통행하는 터널 안의 배선시설

사람이 상시 통행하는 터널 안의 배선 그 사용전압이 저압의 것에 한하고 또한 다음에 따라 시설하여야 한다.

가. 전선의 굵기

공칭단면적 2.5[mm^2]의 연동선과 동등 이상의 세기 및 굵기의 절연전선

나. 애자사용 공사에 의하여 시설하고 또한 이를 노면상 2.5[m] 이상의 높이로 할 것

다. 전로에는 터널의 입구에 가까운 곳에 전용 개폐기를 시설할 것

② 터널 등의 전구선 또는 이동전선 등의 시설

전구선은 단면적 0.75[mm^2] 이상 0.6/1[kV] EP 고무 절연 클로로프렌 캡타이어 케이블일 것

(17) 의료장소

의료장소란 병원이나 진료소 등에서 환자의 진단・치료(미용치료 포함)・감시・간호 등의 의료행위를 하는 장소를 말한다.

① 그룹의 구분

가. 그룹 0 : 일반병실, 진찰실, 검사실, 처치실, 재활치료실 등 장착부를 사용하지 않는 의료장소

나. 그룹 1 : 분만실, MRI실, X선 검사실, 회복실, 구급처치실, 인공투석실, 내시경실 등 장착부를 환자의 신체 외부 또는 심장 부위를 제외한 환자의 신체 내부에 삽입시켜 사용하는 의료장소

다. 그룹 2 : 관상동맥질환 처치실(심장카테터실), 심혈관조영실, 중환자실(집중치료실), 마취실, 수술실, 회복실 등 장착부를 환자의 심장 부위에 삽입 또는 접촉시켜 사용하는 의료장소

② 의료장소의 안전을 위한 보호설비

가. 이중 또는 강화절연을 한 비단락보증 절연변압기를 설치하고 그 2차측 전로는 접지하지 말 것

나. 비단락보증 절연변압기는 함 속에 설치하여 충전부가 노출되지 않도록 하고 의료장소의 내부 또는 가까운 외부에 설치할 것

다. 비단락보증 절연변압기의 2차측 정격전압은 교류 250[V] 이하로 하며 공급방식 및 정격출력은 단상 2선식, 10[kVA] 이하로 할 것

라. 3상 부하에 대한 전력공급이 요구되는 경우 비단락보증 3상 절연변압기를 사용할 것

마. 그룹 1과 그룹 2의 의료장소에 무영등 등을 위한 특별저압(SELV 또는 PELV)회로를 시설하는 경우에는 사용전압은 교류 실효값 25[V] 또는 리플 프리 직류 60[V] 이하로 할 것

바. 의료장소의 전로에는 정격 감도전류 30[mA] 이하, 동작시간 0.03초 이내의 누전차단기를 설치할 것

③ 의료장소의 비상전원

가. 절환시간 0.5초 이내에 비상전원을 공급하는 장치 또는 기기

㉠ 0.5초 이내에 전력공급이 필요한 생명유지장치

㉡ 그룹 1 또는 그룹 2의 의료장소의 수술등, 내시경, 수술실 테이블, 기타 필수 조명

나. 절환시간 15초 이내에 비상전원을 공급하는 장치 또는 기기

㉠ 15초 이내에 전력공급이 필요한 생명유지장치

㉡ 그룹 2의 의료장소에 최소 50[%]의 조명, 그룹 1의 의료장소에 최소 1개의 조명

다. 절환시간 15초를 초과하여 비상전원을 공급하는 장치 또는 기기

㉠ 병원 기능을 유지하기 위한 기본 작업에 필요한 조명

㉡ 그 밖의 병원 기능을 유지하기 위하여 중요한 기기 또는 설비

05 CHAPTER

출제예상문제

01

저압 옥내배선은 일반적인 경우, 지름 몇 [mm^2] 이상의 연동선이거나 이와 동등 이상의 세기 및 굵기의 것을 사용하여야 하는가?

① 2.5[mm^2]　　② 4[mm^2]
③ 6[mm^2]　　④ 10[mm^2]

해설

저압 옥내배선의 전선은 다음 중 어느 하나에 적합한 것을 사용하여야 한다.
(1) 단면적 2.5[mm^2] 이상의 연동선 또는 이와 동등 이상의 강도 및 굵기의 것

02

옥내에 시설하는 저압전선으로 나전선을 절대로 사용할 수 없는 경우는?

① 금속덕트 공사에 의하여 시설하는 경우
② 버스덕트 공사에 의하여 시설하는 경우
③ 애자사용 공사에 의하여 전개된 곳에 전기로용 전선을 시설하는 경우
④ 유희용 전차에 전기를 공급하기 위하여 접촉 전선을 사용하는 경우

해설

나전선의 사용제한
옥내에 시설하는 저압전선에는 나전선을 사용하여서는 아니 된다. 다만, 다음 중 어느 하나에 해당하는 경우에는 그러하지 아니하다.
(1) 애자사용 공사에 의하여 전개된 곳에 다음의 전선을 시설하는 경우
　① 전기로용 전선
　② 전선의 피복 절연물이 부식하는 장소에 시설하는 전선
　③ 취급자 이외의 자가 출입할 수 없도록 설비한 장소에 시설하는 전선
(2) 버스덕트 공사에 의하여 시설하는 경우
(3) 라이팅 덕트 공사에 의하여 시설하는 경우
(4) 접촉 전선을 시설하는 경우

03

다음 배전공사 중 전선이 반드시 절연선이 아니더라도 상관없는 것은 어느 것인가?

① 합성수지관 공사　　② 금속관 공사
③ 버스덕트 공사　　④ 플로어 덕트 공사

정답 01 ① 02 ① 03 ③

해설

나전선의 사용제한

옥내에 시설하는 저압전선에는 나전선을 사용하여서는 아니 된다. 다만, 다음 중 어느 하나에 해당하는 경우에는 그러하지 아니하다.

(1) 애자사용 공사에 의하여 전개된 곳에 다음의 전선을 시설하는 경우
  ① 전기로용 전선
  ② 전선의 피복 절연물이 부식하는 장소에 시설하는 전선
  ③ 취급자 이외의 자가 출입할 수 없도록 설비한 장소에 시설하는 전선
(2) 버스덕트 공사에 의하여 시설하는 경우
(3) 라이팅 덕트 공사에 의하여 시설하는 경우
(4) 접촉 전선을 시설하는 경우

04 **예열 시동식 형광 방전등에 무선설비에 대한 고주파 전류에 의한 장해 방지용으로 글로우 램프와 병렬로 접속하는 콘덴서의 정전용량[㎌]은?**

① 0.1~1 ② 0.06~0.1
③ 0.006~0.01 ④ 0.6~1

해설

고주파 전류에 의한 장해의 방지

형광 방전등에는 적당한 곳에 정전용량이 0.006[㎌] 이상 0.5[㎌] 이하(예열시동식의 것으로 글로우 램프에 병렬로 접속할 경우에는 0.006[㎌] 이상 0.01[㎌] 이하인 커패시터를 시설할 것)

05 **건조한 장소로서 전개된 장소에 한하여 고압 옥내배선을 할 수 있는 것은?**

① 애자사용 공사 ② 합성수지관 공사
③ 금속관 공사 ④ 가요전선관 공사

해설

고압

(1) 애자사용 공사(건조한 장소로서 전개된 장소에 한함)
(2) 케이블 공사
(3) 케이블 트레이 공사

정답 04 ③ 05 ①

06 고압 옥내배선을 할 수 있는 공사방법은?

① 합성수지관 공사
② 금속관 공사
③ 금속몰드 공사
④ 케이블 공사

해설

고압

(1) 애자사용 공사(건조한 장소로서 전개된 장소에 한함)
(2) 케이블 공사
(3) 케이블 트레이 공사

07 고압 옥내배선에 전선으로 연동선을 사용할 때, 그 굵기는 지름 몇 [mm^2] 이상의 것을 사용하여야 하는가?

① 2.5
② 4
③ 6
④ 10

해설

고압 옥내배선의 최소굵기

공칭단면적 6[mm^2] 이상의 연동선

08 옥내에 시설하는 고압용 이동전선으로 사용 가능한 것은?

① 6[mm^2] 연동선
② 비닐 캡타이어 케이블
③ 고압용 캡타이어 케이블
④ 600볼트 고무절연전선

해설

옥내배선 기능공사

옥내 고압용 이동전선 : 전선은 고압용의 캡타이어 케이블일 것

정답 06 ④ 07 ③ 08 ③

09 **저압 옥내배선을 할 때 인입용 비닐 절연전선을 사용할 수 없는 것은?**

① 합성수지관 공사 ② 금속관 공사
③ 애자사용 공사 ④ 가요전선관 공사

해설

애자사용 공사
전선은 다음의 경우 이외에는 절연전선(옥외용 비닐 절연전선 및 인입용 비닐 절연전선을 제외한다)일 것
(1) 전기로용 전선
(2) 전선의 피복 절연물이 부식하는 장소에 시설하는 전선
(3) 취급자 이외의 자가 출입할 수 없도록 설비한 장소에 시설하는 전선

10 **사용전압 380[V]인 옥내 저압 절연전선을 애자사용 공사에 의하여 점검할 수 있는 은폐 장소에 시설하는 경우 전선 상호 간의 거리는 몇 [cm] 이상이어야 하는가?**

① 6 ② 10 ③ 12 ④ 15

해설

애자사용 공사 이격거리

전압	전선상호 이격거리	전선과 조영재 이격거리
400[V] 이하	0.06[m]	25[mm]
400[V] 초과	0.06[m]	45[mm](건조한 장소 25[mm])
고압	0.08[m]	50[mm]

11 **사용전압 220[V]인 경우에 애자사용 공사에서 전선과 조영재와의 이격거리는 최소 몇 [cm] 이상이어야 하는가?**

① 2.5 ② 4.5 ③ 6 ④ 8

해설

애자사용 공사 이격거리

	전선상호 이격거리	전선과 조영재 이격거리
400[V] 이하	0.06[m]	25[mm]
400[V] 초과	0.06[m]	45[mm](건조한 장소 25[mm])
고압	0.08[m]	50[mm]

정답 09 ③ 10 ① 11 ①

12 점검할 수 있는 은폐장소로서 건조한 곳에 시설하는 애자사용 노출공사에 있어서 사용전압 440[V]의 경우 전선과 조영재와의 이격거리는?

① 2.5[cm] 이상　② 3[cm] 이상
③ 4.5[cm] 이상　④ 5[cm] 이상

해설

애자사용 공사 이격거리

전압	전선상호 이격거리	전선과 조영재 이격거리
400[V] 이하	0.06[m]	25[mm]
400[V] 초과	0.06[m]	45[mm](건조한 장소 25[mm])
고압	0.08[m]	50[mm]

13 애자사용 공사에서 전개된 장소에 또는 점검할 수 있는 은폐장소로서 전선을 조영재 상면 또는 측면에 따라 붙일 경우 전선의 지지점 간의 거리는 몇 [m] 이하로 하여야 하는가?

① 2.0　② 3.0　③ 5.0　④ 8

해설

애자공사

- 애자사용 공사
  (1) 전선의 지지점 간의 거리는 전선을 조영재의 윗면 또는 옆면에 따라 붙일 경우에는 2[m] 이하일 것
  (2) 사용전압이 400[V] 초과인 것은 (3)의 경우 이외에는 전선의 지지점 간의 거리는 6[m] 이하일 것

14 고압 옥내배선 공사 중 애자사용 공사에 있어서 전선 지지점 간의 최대거리[m]는? (단, 전선은 조영재의 면에 따라 시설하지 않았다.)

① 2　② 4　③ 4.5　④ 6

해설

애자공사

- 애자사용 공사
  (1) 전선의 지지점 간의 거리는 전선을 조영재의 윗면 또는 옆면에 따라 붙일 경우에는 2[m] 이하일 것
  (2) 사용전압이 400[V] 초과인 것은 (3)의 경우 이외에는 전선의 지지점 간의 거리는 6[m] 이하일 것

정답 12 ① 13 ① 14 ④

15 **합성수지몰드의 홈의 깊이는 몇 [cm] 이하인가?**

① 2.5 ② 3.5 ③ 5 ④ 7

해설

합성수지몰드 공사

- 시설조건
  ① 전선은 절연전선(옥외용 비닐 절연전선을 제외한다)일 것
  ② 합성수지몰드 안에는 전선에 접속점이 없도록 할 것
  ③ 합성수지몰드는 홈의 폭 및 깊이가 35[mm] 이하의 것일 것. 다만, 사람이 쉽게 접촉할 우려가 없도록 시설하는 경우에는 폭이 50[mm] 이하의 것을 사용할 수 있다.
  ④ 합성수지몰드 상호 간 및 합성수지 몰드와 박스 기타의 부속품과는 전선이 노출되지 아니하도록 접속할 것

16 **합성수지관 공사에 의한 저압 옥내배선의 시설기준으로 옳지 않은 것은?**

① 습기가 많은 장소에 방습 장치를 사용하였다.
② 전선은 옥외용 비닐 절연전선을 사용하였다.
③ 전선은 연선을 사용하였다.
④ 관의 지지점 간의 거리는 1.5[m]로 하였다.

해설

합성수지관 공사

- 시설조건
  ① 전선은 절연전선(옥외용 비닐 절연전선을 제외한다)일 것
  ② 전선은 연선일 것. 다만, 다음의 것은 적용하지 않는다.
  가. 짧고 가는 합성수지관에 넣은 것
  나. 단면적 10[mm^2](알루미늄선은 단면적 16[mm^2]) 이하의 것
  ③ 전선은 합성수지관 안에서 접속점이 없도록 할 것
  ④ 중량물의 압력 또는 현저한 기계적 충격을 받을 우려가 없도록 시설할 것

17 **저압 옥내배선을 합성수지관 공사에 의하여 실시하는 경우 사용할 수 있는 연선(동선)의 최대 굵기는 몇 [mm^2]인가?**

① 2.5[mm^2] ② 4[mm^2] ③ 10[mm^2] ④ 16[mm^2]

정답 15 ② 16 ② 17 ③

해설

합성수지관 공사

- 시설조건
  ① 전선은 절연전선(옥외용 비닐 절연전선을 제외한다)일 것
  ② 전선은 연선일 것. 다만, 다음의 것은 적용하지 않는다.
  가. 짧고 가는 합성수지관에 넣은 것
  나. 단면적 10[mm^2](알루미늄선은 단면적 16[mm^2]) 이하의 것
  ③ 전선은 합성수지관 안에서 접속점이 없도록 할 것
  ④ 중량물의 압력 또는 현저한 기계적 충격을 받을 우려가 없도록 시설할 것

18 합성수지관 공사 시 관 상호 간과 박스와의 접속은 관의 삽입하는 깊이를 관 바깥지름의 몇 배 이상으로 하여야 하는가?

① 0.5배 ② 0.9배
③ 1.0배 ④ 1.2배

해설

합성수지관 및 부속품의 선정

(1) 관의 끝부분 및 안쪽 면은 전선의 피복을 손상하지 아니하도록 매끈한 것일 것
(2) 두께는 2[mm] 이상일 것
(3) 관 상호 간 및 박스와는 관을 삽입하는 깊이를 관의 바깥지름의 1.2배(접착제를 사용하는 경우에는 0.8배) 이상으로 하고 또한 꽂음 접속에 의하여 견고하게 접속할 것
(4) 관의 지지점 간 거리는 1.5[m] 이하로 하고, 또한 그 지지점은 관의 끝・관과 박스의 접속점 및 관 상호 간의 접속점 등에 가까운 곳에 시설할 것
(5) 습기가 많은 장소 또는 물기가 있는 장소에 시설하는 경우에는 방습 장치를 할 것

19 합성수지관 공사에서 관의 지지점 간 최대 거리[m]는?

① 1.0 ② 1.2 ③ 1.5 ④ 2.0

해설

합성수지관 및 부속품의 선정

관의 지지점 간 거리는 1.5[m] 이하로 하고, 또한 그 지지점은 관의 끝・관과 박스의 접속점 및 관 상호 간의 접속점 등에 가까운 곳에 시설할 것

정답 18 ④ 19 ③

20 일반주택의 저압 옥내배선을 점검하였더니 다음과 같이 시공되어 있었다. 잘못 시공된 것은?

① 욕실의 전등으로 방습 형광등이 시설되어 있다.
② 단상 3선식 인입개폐기의 중성선에 동판이 접속되어 있었다.
③ 합성수지관 공사의 관의 지지점 간 거리가 2[m]로 되어 있었다.
④ 금속관 공사로 시공하였다.

해설

합성수지관 및 부속품의 선정
관의 지지점 간의 거리는 1.5[m] 이하로 하고, 또한 그 지지점은 관의 끝·관과 박스의 접속점 및 관 상호 간의 접속점 등에 가까운 곳에 시설할 것

21 가요전선관 공사에 의한 저압 옥내배선의 방법으로 적합한 것은?

① 옥외용 비닐절연전선을 사용하였다.
② 2종 금속제 가요전선관을 사용하였다.
③ 1종 금속제 가요전선관을 사용하였다.
④ 가요전선관에 제1종 접지공사를 하였다.

해설

가요전선관 공사
- 시설조건
  ① 전선은 절연전선(옥외용 비닐 절연전선을 제외한다)일 것
  ② 전선은 연선일 것. 다만, 단면적 10[mm^2](알루미늄선은 단면적 16[mm^2]) 이하인 것은 그러하지 아니하다.
  ③ 가요전선관 안에는 전선에 접속점이 없도록 할 것
  ④ 가요전선관은 2종 금속제 가요전선관일 것

22 가요전선관 공사에 사용할 수 없는 전선은?

① 인입용 비닐 절연전선
② 옥외용 비닐 절연전선
③ 450/750[V] 일반용 단심 비닐 절연전선
④ 450/750[V] 일반용 유연성 단심 비닐 절연전선

정답 20 ③ 21 ② 22 ②

해설

가요전선관 공사

- 시설조건
  ① 전선은 절연전선(옥외용 비닐 절연전선을 제외한다)일 것
  ② 전선은 연선일 것. 다만, 단면적 10[mm^2](알루미늄선은 단면적 16[mm^2]) 이하인 것은 그러하지 아니하다.
  ③ 가요전선관 안에는 전선에 접속점이 없도록 할 것
  ④ 가요전선관은 2종 금속제 가요전선관일 것

23 금속관 공사를 콘크리트에 매설하여 시설하려고 한다. 관의 두께는 몇 [mm] 이상이어야 하는가?

① 0.8　　② 1.0
③ 1.2　　④ 1.5

해설

금속관 공사

- 금속관 및 부속품의 선정
  ① 관의 두께는 다음에 의할 것
    ㉠ 콘크리트에 매설하는 것은 1.2[mm] 이상
    ㉡ ㉠ 이외의 것은 1[mm] 이상. 다만, 이음매가 없는 길이 4[m] 이하인 것을 건조하고 전개된 곳에 시설하는 경우에는 0.5[mm]까지로 감할 수 있다.
  ② 관의 끝부분 및 안쪽 면은 전선의 피복을 손상하지 아니하도록 매끈한 것일 것

24 제어회로용 절연전선을 금속덕트 공사에 의하여 시설하고자 한다. 절연피복을 포함한 전선의 총면적은 덕트 내부 단면적의 몇 [%]까지 할 수 있는가?

① 20　　② 30
③ 40　　④ 50

정답 23 ③ 24 ④

해설

금속덕트 공사

- 시설조건
  ① 전선은 절연전선(옥외용 비닐절연전선을 제외한다)일 것
  ② 금속덕트에 넣은 전선의 단면적(절연피복의 단면적을 포함한다)의 합계는 덕트의 내부 단면적의 20[%](전광표시 장치·출퇴표시등 기타 이와 유사한 장치 또는 제어회로 등의 배선만을 넣는 경우에는 50[%] 이하일 것
  ③ 금속덕트 안에는 전선에 접속점이 없도록 할 것. 다만, 전선을 분기하는 경우에는 그 접속점을 쉽게 점검할 수 있는 때에는 그러하지 아니하다.
  ④ 금속덕트 안의 전선을 외부로 인출하는 부분은 금속덕트의 관통부분에서 전선이 손상될 우려가 없도록 시설할 것

25 **라이팅 덕트 공사에 의한 저압 옥내배선은 덕트의 지지점 간의 거리를 몇 [m] 이하로 하여야 하는가?**

① 2 ② 3 ③ 4 ④ 5

해설

라이팅 덕트 공사

- 시설조건
  ① 덕트 상호 간 및 전선 상호 간은 견고하게 또한 전기적으로 완전히 접속할 것
  ② 덕트는 조영재에 견고하게 붙일 것
  ③ 덕트의 지지점 간의 거리는 2[m] 이하로 할 것
  ④ 덕트의 끝부분은 막을 것
  ⑤ 덕트의 개구부는 아래로 향하여 시설할 것. 다만, 사람이 쉽게 접촉할 우려가 없는 장소에서 덕트의 내부에 먼지가 들어가지 아니하도록 시설하는 경우에 한하여 옆으로 향하여 시설할 수 있다.
  ⑥ 덕트는 조영재를 관통하여 시설하지 아니할 것

26 **플로어 덕트 공사에 의한 저압 옥내배선에서 절연전선으로 연선을 사용하지 않아도 되는 것은 전선의 굵기가 단면적 몇 [mm^2] 이하의 경우인가?**

① 2.5 ② 4 ③ 6 ④ 10

정답 25 ① 26 ④

해설

플로어 덕트 공사

- 시설조건
  (1) 전선은 절연전선(옥외용 비닐 절연전선을 제외한다)일 것
  (2) 전선은 연선일 것. 다만, 단면적 10[mm^2](알루미늄선은 단면적 16[mm^2]) 이하인 것은 그러하지 아니하다.
  (3) 플로어 덕트 안에는 전선에 접속점이 없도록 할 것. 다만, 전선을 분기하는 경우에 접속점을 쉽게 점검할 수 있을 때에는 그러하지 아니하다.

27 케이블을 조영재의 하면에 따라 설치하는 경우, 케이블 지지점 간 거리의 최댓값[m]은?

① 1 ② 1.5
③ 2.0 ④ 2.5

해설

케이블 공사

- 시설조건
  ① 전선은 케이블 및 캡타이어 케이블일 것
  ② 중량물의 압력 또는 현저한 기계적 충격을 받을 우려가 있는 곳에 시설하는 케이블에는 적당한 방호 장치를 할 것
  ③ 전선을 조영재의 아랫면 또는 옆면에 따라 붙이는 경우에는 전선의 지지점 간의 거리를 케이블은 2[m](사람이 접촉할 우려가 없는 곳에서 수직으로 붙이는 경우에는 6[m]) 이하 캡타이어 케이블은 1[m] 이하로 하고 또한 그 피복을 손상하지 아니하도록 붙일 것

28 캡타이어 케이블을 조영재 측면에 따라 붙이는 경우에 전선지지점 간 거리의 최댓값은 얼마인가?

① 60[cm] ② 1[m]
③ 1.5[m] ④ 2[m]

정답 27 ③ 28 ②

해설

케이블 공사

- 시설조건
  ① 전선은 케이블 및 캡타이어 케이블일 것
  ② 중량물의 압력 또는 현저한 기계적 충격을 받을 우려가 있는 곳에 시설하는 케이블에는 적당한 방호 장치를 할 것
  ③ 전선을 조영재의 아랫면 또는 옆면에 따라 붙이는 경우에는 전선의 지지점 간의 거리를 케이블은 2[m](사람이 접촉할 우려가 없는 곳에서 수직으로 붙이는 경우에는 6[m] 이하, 캡타이어 케이블은 1[m] 이하로 하고 또한 그 피복을 손상하지 아니하도록 붙일 것

29 **케이블을 지지하기 위하여 사용하는 금속재 또는 불연성 재료로 제작된 유니트의 집합체를 케이블 트레이라 한다. 케이블 트레이의 종류가 아닌 것은?**

① 사다리형 ② 펀칭형
③ 메시형 ④ 통풍 밀폐형

해설

케이블 트레이 공사

케이블 트레이 공사는 케이블을 지지하기 위하여 사용하는 금속재 또는 불연성 재료로 제작된 유닛 또는 유닛의 집합체 및 그에 부속하는 부속재 등으로 구성된 견고한 구조물을 말하며 사다리형, 펀칭형, 메시형, 바닥밀폐형 기타 이와 유사한 구조물을 포함하여 적용한다.

30 **케이블 트레이의 시설에 대해서 적합하지 않는 것은?**

① 케이블 트레이의 안전율은 1.3 이상이어야 한다.
② 전선의 피복 등을 손상시킬 돌기 등이 없이 매끈해야 한다.
③ 금속재의 것은 적절한 방식처리를 한 것이거나 내식성 재료의 것이어야 한다.
④ 비금속제 케이블 트레이는 난연성 재료의 것이어야 한다.

정답 29 ④ 30 ①

해설

케이블 트레이 공사

- 케이블 트레이의 선정
  ① 수용된 모든 전선을 지지할 수 있는 적합한 강도의 것이어야 한다. 이 경우 케이블 트레이의 안전율은 1.5 이상으로 하여야 한다.
  ② 지지대는 트레이 자체 하중과 포설된 케이블 하중을 충분히 견딜 수 있는 강도를 가져야 한다.
  ③ 전선의 피복 등을 손상시킬 돌기 등이 없이 매끈하여야 한다.
  ④ 금속재의 것은 적절한 방식처리를 한 것이거나 내식성 재료의 것이어야 한다.
  ⑤ 측면 레일 또는 이와 유사한 구조재를 부착하여야 한다.
  ⑥ 배선의 방향 및 높이를 변경하는 데 필요한 부속재 기타 적당한 기구를 갖춘 것이어야 한다.
  ⑦ 비금속제 케이블 트레이는 난연성 재료의 것이어야 한다.

31

관광숙박업 또는 숙박업 등에 조명용 백열전등을 시설할 때는 몇 분 이내에 소등되는 타임스위치를 시설하여야 하는가?

① 1　　② 3　　③ 5　　④ 10

해설

점멸기의 시설

조명용 전등을 설치할 때에는 다음에 의하여 타임스위치를 시설하여야 한다.

① 「관광진흥법」과 「공중위생법」에 의한 관광숙박업 또는 숙박업(여인숙업을 제외한다)에 이용되는 객실의 입구등은 1분 이내에 소등되는 것

② 일반주택 및 아파트 각 호실의 현관등은 3분 이내에 소등되는 것

32

일반주택 및 아파트 각 호실의 현관에 조명용 백열전등을 설치할 때 사용하는 타임스위치는 몇 분 이내에 소등되는 것을 시설하여야 하는가?

① 1　　② 3　　③ 5　　④ 10

해설

점멸기의 시설

조명용 전등을 설치할 때에는 다음에 의하여 타임스위치를 시설하여야 한다.

① 「관광진흥법」과 「공중위생법」에 의한 관광숙박업 또는 숙박업(여인숙업을 제외한다)에 이용되는 객실의 입구등은 1분 이내에 소등되는 것

② 일반주택 및 아파트 각 호실의 현관 등은 3분 이내에 소등되는 것

정답 31 ① 32 ②

33 **출퇴표시등 회로에 전기를 공급하기 위한 변압기는 2차측 전로의 사용전압이 몇 [V] 이하인 절연변압기이어야 하는가?**

① 40 ② 60
③ 80 ④ 100

해설
출퇴표시등
출퇴표시등 회로에 전기를 공급하기 위한 절연변압기의 사용전압은 1차측 전로의 대지전압을 300[V] 이하, 2차측 전로를 60[V] 이하로 하여야 한다.

34 **쇼윈도 또는 쇼케이스 안의 배선은 외부에서 보기 쉬운 곳에 한하여 코드 또는 캡타이어 케이블을 조영재에 접촉하여 시설할 수 있다. 전선의 단면적은 몇 [mm^2] 이상인 것으로 시설하여야 하는가?**

① 0.75 ② 1.0
③ 1.25 ④ 1.5

해설
진열장 또는 이와 유사한 것의 내부 배선
(1) 건조한 장소에 시설하고 또한 내부를 건조한 상태로 사용하는 진열장 또는 이와 유사한 것의 내부에 사용전압이 400[V] 미만의 배선을 외부에서 잘 보이는 장소에 한하여 코드 또는 캡타이어 케이블로 직접 조영재에 밀착하여 배선할 수 있다.
(2) 배선은 단면적 0.75[mm^2] 이상의 코드 또는 캡타이어 케이블일 것

35 **교통신호등 시설을 다음과 같이 하였다. 옳지 않은 것은?**

① 회로의 사용전압을 600[V]로 하였다.
② 교통신호등 회로의 인하선을 지표상 2.5[m]로 하였다.
③ 교통신호등의 제어장치의 전원측에는 전용개폐기 및 과전류 차단기를 각극에 설치하였다.
④ 교통신호등 회로의 사용전압이 150[V]를 넘는 경우는 전로에 지락이 생겼을 경우 자동적으로 전로를 차단하는 누전차단기를 시설하였다.

정답 33 ② 34 ① 35 ①

해설

교통신호등

(1) 사용전압

교통신호등 제어장치의 2차측 배선의 최대 사용전압은 300[V] 이하이어야 한다.

(2) 전선

공칭단면적 2.5[mm^2] 연동선과 동등 이상의 세기 및 굵기의 450/750[V] 일반용 단심 비닐 절연전선 또는 450/750[V] 내열성 에틸렌아세테이트 고무절연전선일 것

(3) 누전차단기

교통신호등 회로의 사용전압이 150[V]를 넘는 경우는 전로에 지락이 생겼을 경우 자동적으로 전로를 차단하는 누전차단기를 시설할 것

36 풀용 수중조명등에 사용되는 절연변압기의 2차측 전로의 사용전압이 몇 [V]를 넘는 경우에는 그 전로에 지기가 생겼을 때 자동적으로 전로를 차단하는 장치를 하여야 하는가?

① 30[V] ② 60[V]

③ 150[V] ④ 300[V]

해설

수중조명등

• 누전차단기의 설치

수중조명등 절연변압기의 2차측 전로의 사용전압이 30[V]를 초과하는 경우에는 그 전로에 지락이 생겼을 때에 자동적으로 전로를 차단하는 정격감도전류 30[mA] 이하의 누전차단기를 시설하여야 한다.

37 풀용 수중조명등에 전기를 공급하기 위하여 사용되는 절연변압기 1차측 및 2차측 전로의 사용전압은 각각 최대 몇 [V]인가?

① 300, 100 ② 400, 150

③ 200, 150 ④ 600, 300

해설

수중조명등

• 사용전압

① 절연변압기의 1차측 전로의 사용전압은 400[V] 이하일 것

② 절연변압기의 2차측 전로의 사용전압은 150[V] 이하일 것

정답 36 ① 37 ②

38 **목장에서 가축의 탈출을 방지하기 위하여 전기울타리를 시설하는 경우의 전선으로 경동선을 사용할 경우 그 최소 굵기는 지름 몇 [mm]인가?**

① 1　　② 1.2
③ 1.6　　④ 2

해설

전기울타리 시설기준
(1) 전기울타리는 사람이 쉽게 출입하지 아니하는 곳에 시설할 것
(2) 전선은 인장강도 1.38[kN] 이상의 것 또는 지름 2[mm] 이상의 경동선일 것
(3) 전선과 이를 지지하는 기둥 사이의 이격거리는 25[mm] 이상일 것
(4) 전선과 다른 시설물(가공전선을 제외한다) 또는 수목과의 이격거리는 0.3[m] 이상일 것

39 **다음 중 전기 울타리의 시설에 관한 사항으로 옳지 않은 것은?**

① 전원장치에 전기를 공급하는 전로의 사용전압은 600[V] 이하일 것
② 사람이 쉽게 출입하지 아니하는 곳에 시설할 것
③ 전선은 인장강도 1.38[kN] 이상의 것 또는 지름 2[mm] 이상의 경동선일 것
④ 전선과 수목 사이의 이격거리는 30[cm] 이상일 것

해설

전기울타리 시설기준
(1) 전기울타리는 사람이 쉽게 출입하지 아니하는 곳에 시설할 것
(2) 전선은 인장강도 1.38[kN] 이상의 것 또는 지름 2[mm] 이상의 경동선일 것
(3) 전선과 이를 지지하는 기둥 사이의 이격거리는 25[mm] 이상일 것
(4) 전선과 다른 시설물(가공전선을 제외한다) 또는 수목과의 이격거리는 0.3[m] 이상일 것

40 **전기욕기의 전원 변압기의 2차측 전압의 최대 한도는 몇 [V]인가?**

① 6　　② 10
③ 12　　④ 15

정답 38 ④ 39 ① 40 ②

해설

전기욕기

- 전원장치

  전기욕기에 전기를 공급하기 위한 전기욕기용 전원장치(내장되는 전원 변압기의 2차측 전로의 사용전압이 10[V] 이하의 것에 한함)에 의한 안전기준에 적합하여야 한다.

41 **전기욕기용 전원장치로부터 욕탕 안의 전극까지의 전선 상호 간 및 전선과 대지 사이의 절연저항 값은 몇 [MΩ] 이상이어야 하는가?**

① 0.1 ② 0.2
③ 0.3 ④ 0.4

해설

전기욕기

전기욕기용 전원장치로부터 욕기안의 전극까지의 전선 상호 간 및 전선과 대지 사이의 절연저항 값은 0.1[MΩ] 이상이어야 한다.

42 **발열선을 도로, 주차장 또는 조영물의 조영재에 고정시켜 시설하는 경우, 발열선에 전기를 공급하는 전로의 대지전압은 몇 [V] 이하이어야만 하는가?**

① 200 ② 300
③ 380 ④ 600

해설

도로 등의 전열장치

(1) 발열선에 전기를 공급하는 전로의 대지전압은 300[V] 이하일 것
(2) 발열선은 미네럴인슈레이션(MI) 케이블 등 규정된 발열선으로서 노출 사용하지 아니하는 것은 B종 발열선을 사용
(3) 발열선은 사람이 접촉할 우려가 없고 또한 손상을 받을 우려가 없도록 콘크리트 기타 견고한 내열성이 있는 것 안에 시설할 것
(4) 발열선은 그 온도가 80[℃]를 넘지 아니하도록 시설할 것. 다만, 도로 또는 옥외주차장에 금속피복을 한 발열선을 시설할 경우에는 발열선의 온도를 120[℃] 이하로 할 수 있다.

정답 41 ① 42 ②

43 전기온상용 발열선의 최고 사용온도는 섭씨 몇 도를 넘지 않도록 시설하여야 하는가?

① 50 ② 60
③ 80 ④ 100

해설

전기온상 등 발열선의 시설기준
(1) 발열선 및 발열선에 직접 접속하는 전선은 전기온상선(電氣溫床線)일 것
(2) 발열선은 그 온도가 80[℃]를 넘지 않도록 시설할 것
(3) 발열선 및 발열선에 직접 접속하는 전선은 손상을 받을 우려가 있는 경우에는 적당한 방호장치를 할 것
(4) 발열선은 다른 전기설비 · 약전류전선 등 또는 수관 · 가스관이나 이와 유사한 것에 전기적 · 자기적 또는 열적인 장해를 주지 않도록 시설할 것

44 유희용 전차에 전기를 공급하는 전로의 사용전압은 교류에 있어서 몇 [V] 이하이어야 하는가?

① 20 ② 40
③ 60 ④ 100

해설

유희용 전차
유희용 전차에 전기를 공급하는 전원장치는 다음에 의하여 시설하여야 한다.
(1) 전원장치의 2차측 단자의 최대사용전압은 직류의 경우 60[V] 이하, 교류의 경우 40[V] 이하일 것
(2) 전원장치의 변압기는 절연변압기일 것

45 가반형의 용접 전극을 사용하는 아크 용접장치를 시설할 때 용접변압기의 1차측 전로의 대지전압은 몇 [V] 이하이어야 하는가?

① 200 ② 250
③ 300 ④ 600

정답 43 ③ 44 ② 45 ③

해설

아크 용접기

가반형의 용접 전극을 사용하는 아크 용접장치는 다음에 따라 시설하여야 한다.

(1) 용접변압기는 절연변압기일 것

(2) 용접변압기의 1차측 전로의 대지전압은 300[V] 이하일 것

46 전기방식시설을 할 때 전기방식 회로의 사용전압은 직류 몇 [V] 이하이어야 하는가?

① 40 ② 60

③ 80 ④ 100

해설

전기부식 방지시설

- 전기부식 방지설비 회로의 전압
  (1) 전기부식 방지 회로의 사용전압은 직류 60[V] 이하일 것
  (2) 양극은 지중에 매설하거나 수중에서 쉽게 접촉할 우려가 없는 곳에 시설할 것
  (3) 지중에 매설하는 양극의 매설 깊이는 0.75[m] 이상일 것
  (4) 수중에 시설하는 양극과 그 주위 1[m] 이내의 거리에 있는 임의점과의 사이의 전위차는 10[V]를 넘지 아니할 것. 다만, 양극의 주위에 사람이 접촉되는 것을 방지하기 위하여 적당한 울타리를 설치하고 또한 위험 표시를 하는 경우에는 그러하지 아니하다.
  (5) 지표 또는 수중에서 1[m] 간격의 임의의 2점 간의 전위차가 5[V]를 넘지 아니할 것

47 철제 물탱크에 전기방식시설을 하였다. 지표 또는 수중에서의 1[m] 간격을 가지는 임의의 두 점 간의 전위차는 몇 볼트를 넘으면 안 되는가?

① 10 ② 30

③ 5 ④ 25

정답 46 ② 47 ③

해설

전기부식 방지시설

- 전기부식 방지설비 회로의 전압
  (1) 전기부식 방지 회로의 사용전압은 직류 60[V] 이하일 것
  (2) 양극은 지중에 매설하거나 수중에서 쉽게 접촉할 우려가 없는 곳에 시설할 것
  (3) 지중에 매설하는 양극의 매설 깊이는 0.75[m] 이상일 것
  (4) 수중에 시설하는 양극과 그 주위 1[m] 이내의 거리에 있는 임의점과의 사이의 전위차는 10[V]를 넘지 아니할 것. 다만, 양극의 주위에 사람이 접촉되는 것을 방지하기 위하여 적당한 울타리를 설치하고 또한 위험 표시를 하는 경우에는 그러하지 아니하다.
  (5) 지표 또는 수중에서 1[m] 간격의 임의의 2점 간의 전위차가 5[V]를 넘지 아니할 것

48 **폭연성 분진 또는 화약류의 분말이 전기설비가 발화원이 되어 폭발할 우려가 있는 곳에 시설하는 저압 옥내 전기설비의 선공사를 할 수 있는 것은?**

① 애자사용 공사 ② 캡타이어 케이블 공사
③ 합성수지관 공사 ④ 금속관 공사

해설

폭연성 분진

금속관 공사 또는 케이블 공사에 의할 것

49 **다음 중 가연성 분진에 전기설비가 발화원이 되어 폭발할 우려가 있는 곳에 시공할 수 있는 저압 옥내배선은?**

① 버스덕트 공사 ② 라이팅 덕트 공사
③ 가요전선관 공사 ④ 금속관 공사

해설

가연성 분진

(1) 합성수지관 공사(두께 2[mm] 미만의 합성수지 전선관 및 난연성이 없는 콤바인 덕트관을 사용하는 것을 제외한다)
(2) 금속관 공사
(3) 케이블 공사

정답 48 ④ 49 ④

50 **석유류를 저장하는 장소의 전등 공사에서 사용할 수 없는 방법은?**

① 애자사용 공사
② 케이블 공사
③ 금속관 공사
④ 경질비닐관 공사

해설

위험물 등이 존재하는 장소

셀룰로이드 · 성냥 · 석유류 기타 타기 쉬운 위험한 물질을 제조하거나 저장하는 곳에 시설하는 저압 옥내 전기설비

(1) 합성수지관 공사
(2) 금속관 공사
(3) 케이블 공사

51 **화약류 저장장소에 있어서 전기설비의 시설이 적당하지 않은 것은?**

① 전로의 대지전압은 300[V] 이하일 것
② 전기 기계기구는 개방형일 것
③ 지락 차단장치 또는 경보장치를 시설할 것
④ 전용 개폐기 또는 과전류 차단장치를 시설할 것

해설

화약류 저장소 등의 위험장소

(1) 전로에 대지전압은 300[V] 이하일 것
(2) 전기 기계기구는 전폐형의 것일 것
(3) 케이블을 전기 기계기구에 인입할 때에는 인입구에서 케이블이 손상될 우려가 없도록 시설할 것

52 **흥행장의 저압 전기설비 공사로 무대, 무대마루 밑, 오케스트라 박스, 영사실 기타 사람이나 무대 도구가 접촉할 우려가 있는 곳에 시설하는 저압 옥내배선 전구선 또는 이동전선은 사용전압이 몇 [V] 이하이어야 하는가?**

① 100
② 200
③ 300
④ 400

정답 50 ① 51 ② 52 ④

해설

전시회, 쇼 및 공연장의 전기설비

무대・무대마루 밑・오케스트라 박스・영사실 기타 사람이나 무대 도구가 접촉할 우려가 있는 곳에 시설하는 저압 옥내배선, 전구선 또는 이동전선은 사용전압이 400[V] 이하이어야 한다.

53 **의료장소의 안전을 위한 의료용 절연변압기에 대한 다음 설명 중 옳은 것은?**

① 정격출력은 10[kVA] 이하이다.
② 정격출력은 5[kVA] 이하이다.
③ 2차측 정격전압은 직류 300[V] 이하이다.
④ 2차측 정격전압은 직류 250[V] 이하이다.

해설

의료장소

- 의료장소의 안전을 위한 보호설비
  (1) 이중 또는 강화절연을 한 비단락보증 절연변압기를 설치하고 그 2차측 전로는 접지하지 말 것
  (2) 비단락보증 절연변압기는 함 속에 설치하여 충전부가 노출되지 않도록 하고 의료장소의 내부 또는 가까운 외부에 설치할 것
  (3) 비단락보증 절연변압기의 2차측 정격전압은 교류 250[V] 이하로 하며 공급방식 및 정격출력은 단상 2선식, 10[kVA] 이하로 할 것

정답 53 ①

chapter

06

전기철도 설비 및 분산형 전원설비

06 CHAPTER 전기철도 설비 및 분산형 전원설비

제1절 전기철도 설비

01 전기철도의 관련 용어

(1) **전기철도** : 전기를 공급받아 열차를 운행하여 여객(승객)이나 화물을 운송하는 철도를 말한다.

(2) **전기철도설비** : 전기철도설비는 전철 변전설비, 급전설비, 부하설비(전기철도차량 설비 등)로 구성된다.

(3) **전기철도차량** : 전기적 에너지를 기계적 에너지로 바꾸어 열차를 견인하는 차량으로 전기방식에 따라 직류, 교류, 직・교류 겸용, 성능에 따라 전동차, 전기기관차로 분류한다.

(4) **궤도** : 레일・침목 및 도상과 이들의 부속품으로 구성된 시설을 말한다.

(5) **차량** : 전동기가 있거나 또는 없는 모든 철도의 차량(객차, 화차 등)을 말한다.

(6) **열차** : 동력차에 객차, 화차 등을 연결하고 본선을 운전할 목적으로 조성된 차량을 말한다.

(7) **레일** : 철도에 있어서 차륜을 직접 지지하고 안내해서 차량을 안전하게 주행시키는 설비를 말한다.

(8) **전차선** : 전기철도차량의 집전장치와 접촉하여 전력을 공급하기 위한 전선을 말한다.

(9) **전차선로** : 전기철도차량에 전력를 공급하기 위하여 선로를 따라 설치한 시설물로서 전차선, 급전선, 귀선과 그 지지물 및 설비를 총괄한 것을 말한다.

(10) **급전선** : 전기철도차량에 사용할 전기를 변전소로부터 합성전차선에 공급하는 전선을 말한다.

(11) **급전선로** : 급전선 및 이를 지지하거나 수용하는 설비를 총괄한 것을 말한다.

(12) **급전방식** : 전기철도차량에 전력을 공급하기 위하여 변전소로부터 급전선, 전차선, 레일, 귀선으로 구성되는 전력공급방식을 말한다.

(13) **합성전차선** : 전기철도차량에 전력을 공급하기 위하여 설치하는 전차선, 조가선(강체 포함), 행어이어, 드로퍼 등으로 구성된 가공전선을 말한다.

(14) **조가선** : 전차선이 레일면상 일정한 높이를 유지하도록 행어이어, 드로퍼 등을 이용하여 전차선 상부에서 조가하여 주는 전선을 말한다.

(15) **가선방식** : 전기철도차량에 전력을 공급하는 전차선의 가선방식으로 가공식, 강체식, 제3궤조식으로 분류한다.

(16) **전차선 기울기** : 연접하는 2개의 지지점에서, 레일면에서 측정한 전차선 높이의 차와 경간 길이와의 비율을 말한다.

(17) **전차선 높이** : 지지점에서 레일면과 전차선 간의 수직거리를 말한다.

(18) **전차선 편위** : 팬터그래프 집전판의 편마모를 방지하기 위하여 전차선을 레일면 중심수직선으로부터 한쪽으로 치우친 정도의 치수를 말한다.

(19) **귀선회로** : 전기철도차량에 공급된 전력을 변전소로 되돌리기 위한 귀로를 말한다.

(20) **누설전류** : 전기철도에 있어서 레일 등에서 대지로 흐르는 전류를 말한다.

(21) **수전선로** : 전기사업자에서 전철변전소 또는 수전설비 간의 전선로와 이에 부속되는 설비를 말한다.

(22) **전철변전소** : 외부로부터 공급된 전력을 구내에 시설한 변압기, 정류기 등 기타의 기계기구를 통해 변성하여 전기철도차량 및 전기철도설비에 공급하는 장소를 말한다.

(23) **지속성 최저전압** : 무한정 지속될 것으로 예상되는 전압의 최저값을 말한다.

(24) **지속성 최고전압** : 무한정 지속될 것으로 예상되는 전압의 최고값을 말한다.

(25) **장기 과전압** : 지속시간이 20[ms] 이상인 과전압을 말한다.

02 전기철도의 전기방식

(1) 수급조건

공칭전압(수전전압)[kV]	교류 3상 22.9, 154, 345

(2) 전차선로의 전압

① 직류방식

구분	지속성 최저전압 [V]	공칭전압 [V]	지속성 최고전압 [V]	비지속성 최고전압 [V]	장기 과전압 [V]
DC (평균값)	500 900	750 1,500	900 1,800	950(1) 1,950	1,269 2,538

※ (1) : 회생제동의 경우 1,000[V]의 비지속성 최고전압은 허용 가능하다.

② 교류방식

주파수 (실효값)	비지속성 최저전압 [V]	지속성 최저전압 [V]	공칭전압 [V](2)	지속성 최고전압 [V]	비지속성 최고전압 [V]	장기 과전압 [V]
60 Hz	17,500 35,000	19,000 38,000	25,000 50,000	27,500 55,000	29,000 58,000	38,746 77,492

※ (2) : 급전선과 전차산간의 공칭전압은 단상교류 50[kV](급전선과 레일 및 전차선과 레일 사이의 전압은 25[kV])를 표준으로 한다.

03 전기철도의 변전방식

(1) 변전소의 용량은 급전구간별 정상적인 열차부하조건에서 1시간 최대출력 또는 순시 최대출력을 기준으로 결정하고, 연장급전 등 부하의 증가를 고려하여야 한다.

(2) 급전용 변압기는 직류 전기철도의 경우 3상 정류기용 변압기, 교류 전기철도의 경우 3상 스코트결선 변압기의 적용을 원칙으로 하고, 급전계통에 적합하게 선정하여야 한다.

04 전기철도의 전차선로

전차선의 가선방식은 열차의 속도 및 노반의 형태, 부하전류 특성에 따라 적합한 방식을 채택하여야 하며, 가공방식, 강체가선방식, 제3궤조 방식을 표준으로 한다.

(1) 귀선로

귀선로는 비절연보호도체, 매설접지도체, 레일 등으로 구성하여 단권변압기 중성점과 공통접지에 접속한다.

(2) 전차선의 편위

전차선의 편위는 오버랩이나 분기 구간 등 특수 구간을 제외하고 레일면에 수직인 궤도 중심선으로부터 좌우로 각각 200[mm]를 표준으로 하며, 팬터그래프 집전판의 고른 마모를 위하여 지그재그 편위를 준다.

(3) 전차선로 설비의 안전율

① 합금전차선의 경우 2.0 이상
② 경동선의 경우 2.2 이상
③ 조가선 및 조가선 장력을 지탱하는 부품에 대하여 2.5 이상
④ 복합체 자재(고분자 애자 포함)에 대하여 2.5 이상
⑤ 지지물 기초에 대하여 2.0 이상
⑥ 장력조정장치 2.0 이상
⑦ 빔 및 브래킷은 소재 허용응력에 대하여 1.0 이상
⑧ 철주는 소재 허용응력에 대하여 1.0 이상
⑨ 가동브래킷의 애자는 최대 만곡하중에 대하여 2.5 이상
⑩ 지선은 선형일 경우 2.5 이상, 강봉형은 소재 허용응력에 대하여 1.0 이상

05 전기철도 차량 설비

(1) 역률

팬터그래프에서의 전기철도차량 순간전력 P(MW)	전기철도차량의 유도성 역률 λ
P > 6	λ≥ 0.95
2 ≤ P ≤ 6	λ≥ 0.93

(2) 회생제동

전기철도차량은 다음과 같은 경우에 회생제동의 사용을 중단해야 한다.

① 전차선로 지락이 발생한 경우

② 전차선로에서 전력을 받을 수 없는 경우

③ 규정된 선로전압이 장기 과전압보다 높은 경우

(3) 전기철도 차량별 최대 임피던스

차체와 주행 레일과 같은 고정설비의 보호용 도체 간의 임피던스는 이들 사이에 위험 전압이 발생하지 않을 만큼 낮은 수준인 표의 값을 따른다. 이 값은 적용전압이 50[V]를 초과하지 않는 곳에서 50[A]의 일정 전류로 측정하여야 한다.

차량 종류	최대 임피던스[Ω]
기관차	0.05
객차	0.15

06 전기철도 설비, 감전을 위한 보호

(1) 피뢰기 설치 장소

① 다음의 장소에 피뢰기를 설치하여야 한다.

가. 변전소 인입측 및 급전선 인출측

나. 가공전선과 직접 접속하는 지중케이블에서 낙뢰에 의해 절연파괴의 우려가 있는 케이블 단말

다. 피뢰기는 가능한 한 보호하는 기기와 가깝게 시설하되 누설전류 측정이 용이하도록 지지대와 절연하여 설치한다.

(2) 공칭전압이 교류 1[kV] 또는 직류 1.5[kV] 이하인 경우 사람이 접근할 수 있는 보행표면(단, 제3궤조방식에는 적용하지 않는다)

충전부가 보행표면과 동일한 높이 또는 낮게 위치한 경우 장애물 높이는 장애물 상단으로부터 1.35[m]의 공간 거리를 유지하여야 하며, 장애물과 충전부 사이의 공간거리는 최소한 0.3[m]로 하여야 한다.

(3) 공칭전압이 교류 1[kV] 초과 25[kV] 이하인 경우 또는 직류 1.5[kV] 초과 25[kV] 이하인 경우 사람이 접근할 수 있는 보행표면

충전부가 보행표면과 동일한 높이 또는 낮게 위치한 경우 장애물 높이는 장애물 상단으로부터 1.5[m]의 공간 거리를 유지하여야 하며, 장애물과 충전부 사이의 공간거리는 최소한 0.6[m]로 하여야 한다.

(4) 최대 허용접촉전압

① 교류(단, 작업장 및 이와 유사한 장소라면 25[V]를 초과하지 않아야 한다)

교류 전기철도 급전시스템의 최대 허용 접촉전압

시간 조건	최대 허용 접촉전압(실효값)
순시조건(t≤0.5초)	670[V]
일시적 조건(0.5초<t≤300초)	65[V]
영구적 조건(t>300초)	60[V]

② 직류(단, 작업장 및 이와 유사한 장소라면 60[V]를 초과하지 않아야 한다)

직류 전기철도 급전시스템의 최대 허용 접촉전압

시간 조건	최대 허용 접촉전압
순시조건(t≤0.5초)	535[V]
일시적 조건(0.5초<t≤300초)	150[V]
영구적 조건(t>300초)	120[V]

제2절 분산형 전원설비

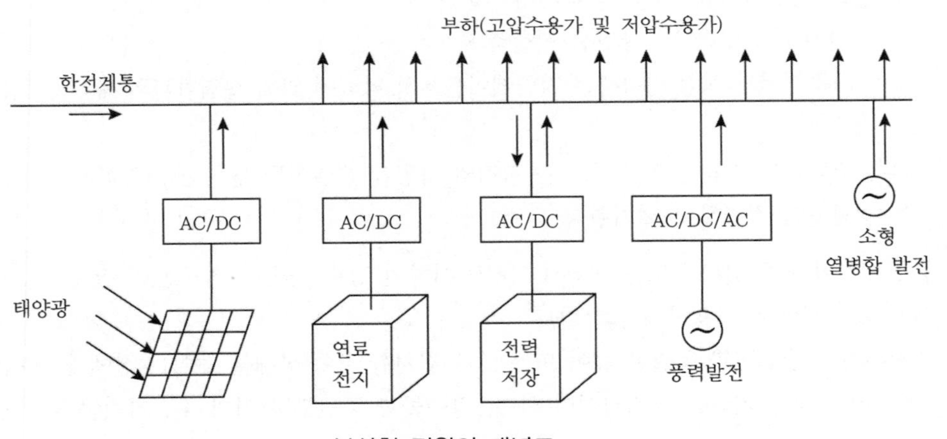

분산형 전원의 개념도

01 용어의 정의

(1) "건물일체형 태양광발전시스템(BIPV, Building Integrated Photo Voltaic(이하 BIPV))"이란 태양광 모듈을 건축물에 설치하여 건축 부자재의 역할 및 기능과 전력생산을 동시에 할 수 있는 시스템으로 창호, 스팬드럴, 커튼월, 이중파사드, 외벽, 지붕재 등 건축물을 완전히 둘러싸는 벽·창·지붕 형태로 한정한다.

(2) "풍력터빈"이란 바람의 운동에너지를 기계적 에너지로 변환하는 장치(가동부 베어링, 나셀, 블레이드 등의 부속물을 포함)를 말한다.

(3) "풍력터빈을 지지하는 구조물"이란 타워와 기초로 구성된 풍력터빈의 일부분을 말한다.

(4) "풍력발전소"란 단일 또는 복수의 풍력터빈(풍력터빈을 지지하는 구조물을 포함)을 원동기로 하는 발전기와 그 밖의 기계기구를 시설하여 전기를 발생시키는 곳을 말한다.

(5) "자동정지"란 풍력터빈의 설비보호를 위한 보호 장치의 작동으로 인하여 자동적으로 풍력터빈을 정지시키는 것을 말한다.

(6) "MPPT"란 태양광발전이나 풍력발전 등이 현재 조건에서 가능한 최대의 전력을 생산할 수 있도록 인버터 제어를 이용하여 해당 발전원의 전압이나 회전속도를 조정하는 최대출력추종(MPPT, Maximum Power Point Tracking) 기능을 말한다.

02 계통의 연계

(1) 분산형전원설비 등을 전력계통에 연계하는 경우에 적용하며, 여기서 전력계통이라 함은 전력판매사업자의 계통, 구내계통 및 독립전원계통 모두를 말한다.

(2) 분산형전원설비 사업자의 한 사업장의 설비 용량 합계가 250[kVA] 이상일 경우에는 송·배전계통과 연계지점의 연결 상태를 감시 또는 유효전력, 무효전력 및 전압을 측정할 수 있는 장치를 시설할 것

(3) 계통 연계용 보호장치의 시설

계통 연계하는 분산형전원설비를 설치하는 경우 다음에 해당하는 이상 또는 고장 발생 시 자동적으로 분산형전원설비를 전력계통으로부터 분리하기 위한 장치 시설 및 해당 계통과의 보호협조를 실시하여야 한다.

① 분산형전원설비의 이상 또는 고장
② 연계한 전력계통의 이상 또는 고장
③ 단독운전 상태
④ 여기서 전기생산의 합계용량에 50[kW] 이하의 소규모 분산형 전원으로 단독운전 방지기능을 가진 것은 역전력 계전기를 생략할 수 있다.

03 전기저장장치

(1) 옥내전로의 대지전압

주택의 옥내전로의 대지전압은 직류 600[V] 이하이어야 한다.

(2) 전기배선(연료전지의 배선과 같다)

전선은 공칭단면적 2.5[mm^2] 이상의 연동선 또는 이와 동등 이상의 세기 및 굵기의 것일 것

(3) 단자와의 접속

① 단자의 접속은 기계적, 전기적 안전성을 확보하도록 하여야 한다.
② 단자를 체결 또는 잠글 때 너트나 나사는 풀림방지 기능이 있는 것을 사용하여야 한다.
③ 외부터미널과 접속하기 위해 필요한 접점의 압력이 사용기간 동안 유지되어야 한다.
④ 단자는 도체에 손상을 주지 않고 금속표면과 안전하게 체결되어야 한다.

(4) 계측장치

전기저장장치를 시설하는 곳에는 다음의 사항을 계측하는 장치를 시설하여야 한다.
① 축전지 출력 단자의 전압, 전류, 전력 및 충방전 상태
② 주요변압기의 전압, 전류 및 전력

04 태양광발전설비

(1) 옥내전로의 대지전압

주택의 옥내전로의 대지전압은 직류 600[V] 이하이어야 한다.

(2) 전기배선

모듈의 출력배선은 극성별로 확인할 수 있도록 표시할 것

(3) 계측장치

태양광설비에는 전압, 전류 및 전력을 계측하는 장치를 시설하여야 한다(연료전지의 계측장치도 같다).

05 풍력발전설비

(1) 화재방호설비의 시설

500[kW] 이상의 풍력터빈화재 발생 시, 이를 자동으로 소화할 수 있는 화재방호설비를 시설하여야 한다.

(2) 계측장치

① 회전속도계 ② 진동계 ③ 풍속계 ④ 압력계 ⑤ 온도계

출제예상문제

01

다음은 전차선로 충전부와 건조물 간의 절연이격거리를 말한다. (   ) 안에 알맞은 것은?

공칭전압	동적[mm]	
	비오염	오염
단상교류	( )	220

① 25
② 150
③ 170
④ 270

해설

전차선로 충전부와 건조물 간의 절연이격거리

시스템 종류	공칭전압 (V)	동적(mm)		정적(mm)	
		비오염	오염	비오염	오염
직류	750	25	25	25	25
	1,500	100	110	150	160
단상교류	25,000	170	220	270	320

02

태양광설비의 전력변환장치의 시설기준 중 잘못된 것은?

① 옥외에 시설하는 경우 방수등급은 IPX4 이상일 것
② 각 직렬군의 태양전지 개방전압은 인버터 입력전압 범위 이내일 것
③ 인버터는 실내·실외용으로 구분할 것
④ 옥내에 시설하는 경우 방수등급은 IPX5 이상일 것

해설

전력변환장치의 시설

1) 옥외에 시설하는 경우 방수등급은 IPX4 이상일 것
2) 각 직렬군의 태양전지 개방전압은 인버터 입력전압 범위 이내일 것
3) 인버터는 실내·실외용으로 구분할 것

정답 01 ③ 02 ④

03 **전기철도차량이 전차선로와 접촉한 상태에서 견인력을 끄고 보조전력을 가동한 상태로 정치해 있는 경우 가공 전차선로의 유효전력이 200[kW] 이상인 경우 총 역률은 얼마보다 작아서는 아니 되는가?**

① 0.6　② 0.7　③ 0.8　④ 0.9

해설

전기철도차량의 역률

전기철도차량이 전차선로와 접촉한 상태에서 견인력을 끄고 보조전력을 가동한 상태로 정치해 있는 경우 가공 전차선로의 유효전력이 200[kW] 이상인 경우 총 역률은 0.8보다 작아서는 아니 된다.

04 **풍력터빈에 설비의 손상을 방지하기 위하여 시설하는 운전상태를 계측하는 장치로 틀린 것은?**

① 조도계　② 압력계　③ 온도계　④ 풍속계

해설

풍력설비의 계측장치

1) 회전속도계
2) 압력계
3) 온도계
4) 진동계

05 **풍력터빈의 피뢰설비 시설기준에 대한 설명으로 틀린 것은?**

① 풍력터빈에 설치한 피뢰설비(리셉터, 인하도선 등)의 기능저하로 인해 다른 기능에 영향을 미치지 않을 것
② 풍력터빈의 내부의 계측 센서용 케이블은 금속관 또는 차폐 케이블 등을 사용하여 뇌유도 과전압으로부터 보호할 것
③ 풍력터빈에 설치하는 인하도선은 쉽게 부식되지 않는 금속선으로서 뇌격전류를 안전하게 흘릴 수 있는 충분한 굵기여야 하며, 가능한 직선으로 시설할 것
④ 수뢰부를 풍력터빈 중앙부분에 배치하되 뇌격전류에 의한 발열에 용손(溶損)되지 않도록 재질, 크기, 두께 및 형상 등을 고려할 것

해설

풍력터빈의 피뢰시설

수뢰부를 풍력터빈 선단부분 및 가장자리 부분에 배치하되 뇌격전류에 의한 발열에 용손되지 않도록 재질, 크기, 두께, 및 형상 등을 고려할 것

정답 03 ③　04 ①　05 ④

제2판 인쇄 2024. 3. 20. | **제2판 발행** 2024. 3. 25. | **편저자** 정용걸
발행인 박 용 | **발행처** (주)박문각출판 | **등록** 2015년 4월 29일 제2015-000104호
주소 06654 서울시 서초구 효령로 283 서경 B/D 4층 | **팩스** (02)584-2927
전화 교재 문의 (02)6466-7202

저자와의
협의하에
인지생략

정가 20,000원
ISBN 979-11-6987-801-2

MEMO